妈妈的魔法料理

给孩子的趣味营养餐

国家一级公共营养师
范娜·著

化学工业出版社
·北京·

本书介绍了60款给孩子的趣味营养餐，分为简单造型营养餐、春季趣味营养餐、夏季趣味营养餐、秋季趣味营养餐、冬季趣味营养餐、儿歌和故事趣味营养餐六大主题，颜值高，营养搭配合理全面，可用于儿童一日三餐、郊游、聚会等场合，也可供营养师、亲子餐厅从业者参考使用。

图书在版编目（CIP）数据

妈妈的魔法料理：给孩子的趣味营养餐 / 范娜著 .
— 北京：化学工业出版社，2019.4
ISBN 978-7-122-33880-8

Ⅰ. ①妈… Ⅱ. ①范… Ⅲ. ①儿童-保健-食谱 Ⅳ.
① TS972.162

中国版本图书馆 CIP 数据核字（2019）第 025606 号

责任编辑：王丹娜　李　娜　　文字编辑：李锦侠
责任校对：边　涛　　装帧设计：子鹏语衣

出版发行：化学工业出版社（北京市东城区青年湖南街 13 号　邮政编码 100011）
印　　装：天津图文方嘉印刷有限公司
710mm × 1000mm 1/16　印张 9　字数 200 千字　2019 年 9 月北京第 1 版第 1 次印刷

购书咨询：010-64518888　售后服务：010-64518899
网　　址：http://www.cip.com.cn
凡购买本书，如有缺损质量问题，本社销售中心负责调换。

定　　价：49.80 元

版权所有　违者必究

从怀胎十月到呱呱坠地，

从你第一声会叫妈妈到第一次学会走路，

每一次都是满满的感动。

你的挑食曾经让我不知所措，

我告诉自己：我是妈妈，母爱是无所不能的。

终于，我做到了。

我把对你所有的爱装满盒子，

希望这份爱可以伴随着你慢慢长大，

变成最珍贵的童年回忆。

让美食与营养结缘，有趣和快乐相聚

吃饭原本是一件很容易让人快乐和满足的事情，可为什么在美食泛滥的今天，吃饭反而会让许多孩子感到非常痛苦？今天，中国的家长们都在为孩子的挑食、厌食伤透脑筋，都在为无处不在的垃圾零食而焦虑。作为一个妈妈，我始终坚信，没有什么比让孩子吃得快乐、吃得健康更重要的了。当看到范娜老师精心制作的一款款趣味儿童餐时，我顿悟并欣喜，其实让孩子吃得快乐、吃得健康的秘诀就在这里。

收到范娜老师的书稿后，我便与孩子一起按照书稿里的方法制作。从原料的准备开始，我和孩子一起逛市场、买食材。按照书稿中的加工步骤，我们一起洗菜、切配、烹调、摆盘。小小的厨房变成了一个营养美食实验室。在这里，我们一起了解食物，亲近食物，动手实践，动脑思考；我们一起体验着做饭的乐趣。每当孩子看到胡萝卜变成一朵朵漂亮的小花，鸡蛋变成一只只可爱的小兔子，紫薯变成一串串漂亮的葡萄时，就会手舞足蹈、欣喜若狂。曾经不喜欢的胡萝卜、南瓜、鸡蛋，都被他“扫荡”得干干净净。在范娜老师的趣味营养餐作品中，我和孩子不仅感受到了快乐和幸福，还收获了营养和更加浓厚的亲情。

作为一名营养师，没有什么比为孩子、家长、幼儿园和学校提供实用的儿童营养知识与营养配餐指导更有意义的了。这本书不仅让我找到了如何通过营养餐让孩子开心地体验食物、用心地加工食物、愉快地接纳食物的“儿童食育”方式，还让我找到了如何通过营养餐来指导家长用美味、营养又漂亮的餐食陪伴孩子健康成长的“家长食育”方式。

当美食与营养结缘，当有趣和快乐相聚，孩子们吃饭的过程，一定是一种既健康又幸福的享受！

甘霖营养学院院长
国家一级营养师
一级健康管理师
冯竞楠

自序

挑食的孩子把妈妈变成了美食魔法师

作为一名新手妈妈，孕育一个新生命除了喜悦，最多的应该就是紧张和担心了，不知道怎么照顾好一个孩子，不知道自己能不能做一个合格的妈妈。所以就开始关注各大育儿网站，学习育儿知识，看到很多关于妈妈们发愁宝宝挑食的帖子，就想：难道每个孩子都这样吗？我的孩子以后会不会也挑食呢？一次偶然的机会看到了一组很可爱的儿童餐，被深深地吸引了，原来饭还能做成这样，连我这个大人都垂涎三尺，孩子就更不用说了。我开玩笑地跟群里的妈妈们说："以后我们都把饭做成这样，孩子们就不会挑食了吧？"妈妈们都说好看是好看，就是做不出来啊，其实对我来说难度也很大，还是欣赏一下就算了。

但是，有些事情在心里埋下了种子是不会那么轻易忘记的，尤其是关于孩子的。机缘巧合，有一天在菜市场因为便宜买了一大包小土豆，到家之后开始发愁那么多怎么吃得完，突然心里那颗可爱儿童餐的种子开始蠢蠢欲动，就想用土豆泥试一下。鼓起勇气开工，第一个作品是懒羊羊，做好后发现原来我也可以啊，虽然不如网上的精美，但是自我感觉还不错。这一下子树立了我的信心，随后开始将自己的作品分享到育儿网站，得到了很多妈妈的支持与鼓励，在大家的强烈要求下我又开始分享制作方法，就这样开始了我的美食之路。

当时我的孩子只有几个月大，还没有到挑食的年龄段，我就当成前期的自娱自乐外加练习吧。果然孩子 1 岁多就开始挑食了，这时候我已经不会再惊慌失措，因为通过前面的练习我已经可以从容面对了。

我可以把任何孩子喜欢的卡通形象变成她的盒中餐，也可以把她不喜欢的食物变成她喜欢的。在孩子眼里，妈妈就像是有魔力的魔法师。从一个普通的家庭主妇到儿童美食达人，是孩子赐予了我魔力，让我勇于尝试，找到了新的方向和自信，从最初为了让孩子爱上吃饭发展到最后成为自己的兴趣爱好，这个过程让自己学到了很多，同时也收获了很多。所以妈妈们千万不要小看自己，因为母爱的力量是十分强大的。相信自己，你就是最棒的！

范娜

目录 CONTENTS

第一章 1
了解做营养餐的基础

第二章 2
简单造型营养餐

第三章 3
春季趣味营养餐

第四章 夏季趣味营养餐 4

第五章 秋季趣味营养餐 5

第六章 冬季趣味营养餐 6

第七章 儿歌和故事趣味营养餐 7

第一章 了解做营养餐的基础

一起做营养餐是最好的亲子游戏

孩子对很多事情总是充满了好奇心，尤其是当看着妈妈把普通的食材通过魔法变成趣味营养餐的时候，更是迫不及待地想亲自动手试试。这个时候千万不要打击孩子的积极性，让孩子一起参与进来，好好享受美妙的亲子时光吧。

从表面上看，很多人可能觉得就是一顿饭而已，用得着这么费事吗？其实一份小小的营养餐蕴含了很多深层的意义。

营养丰富

儿童营养餐的食材比较多样化，营养多元化，选取的都是当季新鲜食材，利用天然食物的色彩，做成可爱的样子，能促进孩子的食欲。

饮食教育

从小对孩子进行饮食教育，不说从种植，起码从买菜和择菜开始让孩子充分参与进来，增长知识的同时体验劳动的乐趣，慢慢引导孩子珍惜粮食，不挑食不浪费。自己做的食物吃起来会格外香，通过食物的制作不仅能增长技能，还可以树立自信心。

烹饪是最好的亲子游戏

在美食制作中可以完全放松地和孩子进行一些亲密的互动，进行情感的交流，体会合作的快乐，充分锻炼孩子的手眼协调能力，激发想象力，边吃边学，寓教于乐。

我家孩子从小就经常跟我一起进行美食制作，我发现孩子的想象力其实比大人丰富得多，通过这样长时间的日积月累，孩子挑食的毛病不但得到了很大的改善，而且动手能力、语言表达能力、绘画能力以及想象力都得到了提高！

情感的传递和交流

趣味营养餐不仅仅停留在吃的层面，更多表达的是一种情感的传递和交流。吃到嘴里的那一刻，孩子能充分感受到妈妈浓浓的爱，长大后不管走到哪里，内心深处最幸福的味道永远是妈妈的味道。妈妈通过给孩子制作营养餐可以传递一些正能量的东西，而一些无法用语言进行的沟通，也都可以通过营养餐的形式进行交流。

孩子的期待

孩子每天放学回家后最期待的事情就是看看妈妈今天做了什么饭，经常会自豪地跟同学介绍我的妈妈是美食家，经常赞美我说妈妈做的食物是天底下最好吃的。每当这个时候，我就觉得无比幸福，这么多年做了一件于己于人都十分有意义的事情，不但帮到了孩子、帮到了自己，也帮到了身边很多的人。希望这样的快乐可以一直传递下去，有更多的妈妈喜欢上趣味营养餐的制作，体会和孩子之间珍贵的亲子时光！

好用的厨具

电陶炉

无明火，不挑锅，危险系数低，并且多挡可调，跟孩子一起下厨享受烹饪乐趣。

直火砂锅

导热能力强，能够锁住食物的营养成分，烹饪出来的食物有纯正自然的浓香，一锅多用，能蒸，能煮，能炒。

珐琅铁釜

一锅两用，充分释放米饭的香气，蒸出来的米饭粒粒饱满有嚼劲，让孩子爱上吃饭。

那些得心应手的小工具

想要趣味营养餐做得又快又好，当然少不了这些小工具的帮助，有了它们会有事半功倍的效果，这里所展示的只是文中所用到的一部分。

海苔切

放入一张海苔轻轻一压，就可以将海苔切出如图的面部表情，根据需求自由组合使用。

小模具

用来将胡萝卜、芝士片、火腿、蛋饼之类的食材切出各种装饰造型或者五官、手臂等（注意：不能切海苔，太硬的食物可以焯软再切，不费力）。

酱料盒、酱料瓶

酱料盒用来盛装番茄酱、沙拉酱或者某些怕串味的食材。酱料瓶用来盛装一些如酱油、醋、番茄酱、沙拉酱之类的调味品，盖好后放进餐盒，吃的时候可以随时进行调味。卡通造型还可以为营养餐增加可爱的元素。

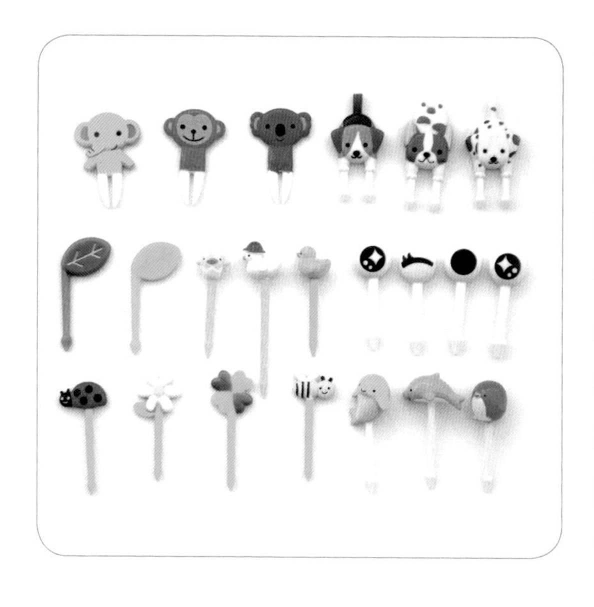

便当叉

作用与平时用的水果叉一样，可以叉取水果等食材。便当叉的尺寸会比普通水果叉短，造型也更加可爱。便当叉的种类繁多，有动物造型、水果造型、眼睛造型、帽子造型等，可以根据不同的主题选择不同的卡通便当叉进行装饰，比如一个丸子只需要插上一个眼睛便当叉立马就变得童趣十足了。

剪刀

用于剪海苔、蛋饼、小的果蔬等。

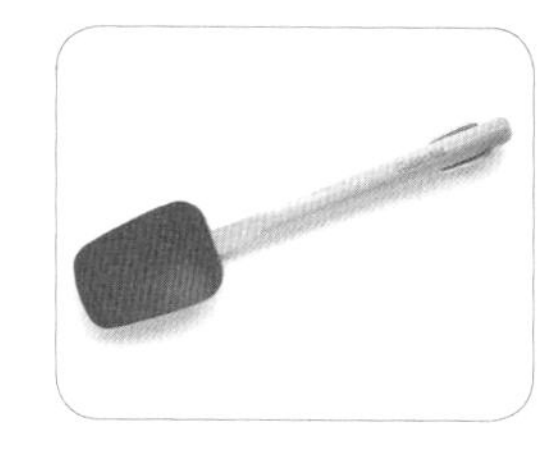

硅胶铲

耐高温，无毒无味，炒菜的时候不伤锅，同时可以辅助将锅里的食材刮干净，不浪费。

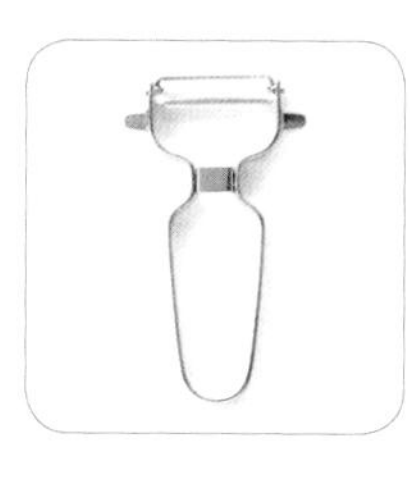

刮皮刀

除了给果蔬去皮，还可以将蔬菜刮成薄片，用来做造型。

镊子

帮助固定较小的部件，比如海苔眼睛、小花装饰等。

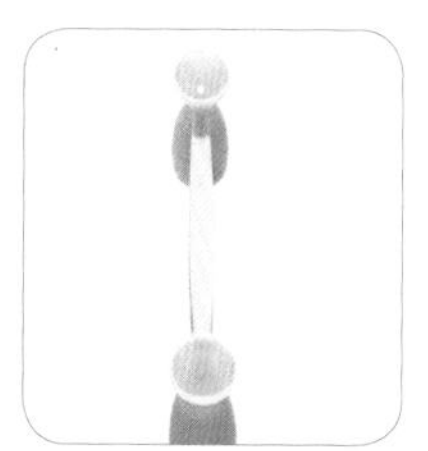

蜜瓜勺

能够将各种水果挖出圆球形状，方便快捷。

旋风切剁器

把需要切碎的食材切成小块放进去，只需要拉动绳子，就可以将蔬菜和肉快速地切成碎末，这种工具不适合加工特别硬的食材。

榨汁器

对水分多的水果进行简单榨汁或者将山药和紫薯等磨成泥。

隔蛋器

制作不同颜色蛋饼的时候，隔蛋器可以使蛋清和蛋黄轻松分离。

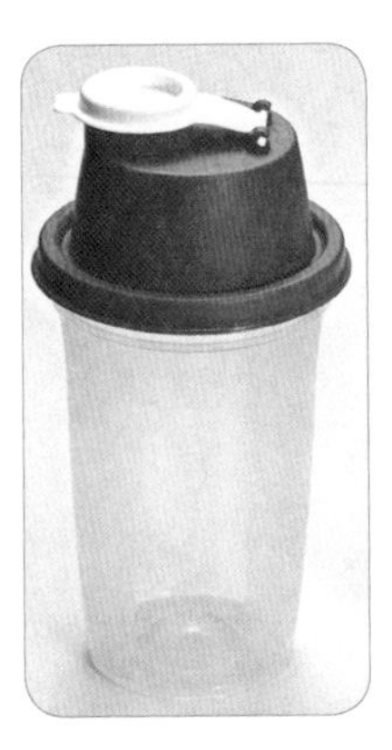

摇摇杯

可以用来制作奶昔或者用于快速摇匀蛋液，制作出来的蛋饼更加平整均匀。

五彩缤纷的天然色素

红色

红曲粉

红曲是以籼米为原料，采用现代生物工程技术分离出优质的红曲霉素，经液体深层发酵精制而成的，是一种纯天然的食品添加剂，常用于馒头、肉食等的上色，不适用于米饭。红曲粉在本书中主要用于蛋饼的上色，高温下颜色依然可以保持不变。

甜菜

也叫红菜头、甜菜根，由生长在地中海沿岸的一种名叫海甜菜根的野生植物演变而来，形状像红薯，去皮后果肉鲜红，榨汁后可以给面食和米饭上色。鲜榨的汁不耐高温，所以不适合蒸馒头或者蒸米饭时使用，适合直接拌饭或者给蛋饼上色。

黄色

南瓜

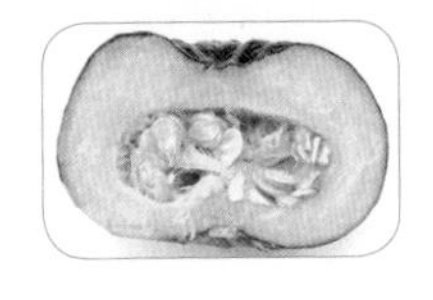

普通南瓜或者贝贝南瓜都可以，蒸熟后给米饭上色，也可以直接用南瓜粉。

栀子

栀子的果实，通常用于泡茶或将浸泡后的水用作染料，无特殊气味，本书中用于蒸米饭，也可以给其他食材上色，高温下不变色。

蛋黄

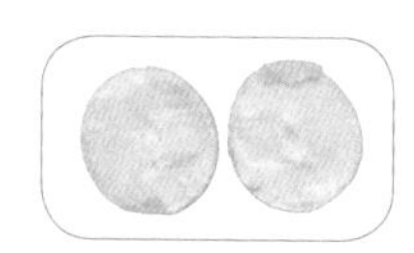

鸡蛋煮熟后取黄捣碎，用来给米饭上色。

蓝色

蝶豆花

原产于拉丁美洲，东南亚国家的人多用它泡茶，泡出来的水呈蓝色，加入柠檬汁变成紫色，可以用作食品染色剂。本书中用来蒸米饭、做蛋饼，高温下不变色。

绿色

牛油果

又名鳄梨，是原产于墨西哥和中美洲的一种营养价值很高的水果，果肉为绿色，打成泥后可以给米饭上色。

菠菜

是最常用的天然绿色食材，因为含有较多草酸，所以要先焯水后打成泥，再用来给米饭或者蛋饼上色，短时间高温下颜色略有变化，长时间高温下颜色容易变黄。

玫红色、粉红色、粉色

洛神花

又名玫瑰茄，原产于非洲，平时多用于泡茶，汁液呈玫红色，可用于直接给米饭和蛋饼上色，浓度高时是玫红色，浓度低时就是粉色。

红心火龙果

红色果肉的火龙果，榨汁后可以用来给米饭和蛋饼等上色，浓度高时是特别鲜艳的玫红色，浓度低或者用量少时就是粉色，不耐高温，长时间高温下会变成发暗的黄色。

红苋菜

苋菜分为白苋菜及红苋菜，盛产于夏季，所以夏天可以使用红苋菜的汁液给米饭染色。先用热水焯软再挤出汁液，浓度高时颜色是特别鲜艳的玫红色，浓度低或者用量少时就是粉色，不耐高温，不适合长时间加热。

樱花粉

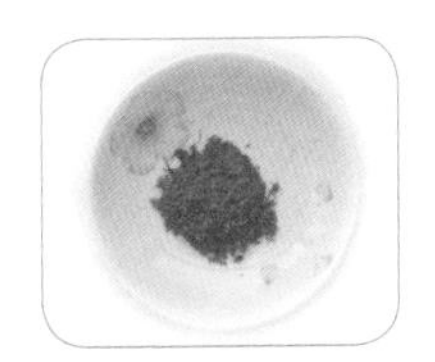

樱花粉也叫鱼松粉，一般用来给寿司或者饭团染色，里面含有糖，吃起来有甜味，可以给米饭增加粉红的颜色和甜甜的味道。

紫色

紫薯

紫薯一年四季都容易买到，蒸熟碾成泥后给米饭上色，颜色在高温下比较稳定，不会变色。

紫甘蓝

紫色包菜，直接榨汁后可以用来拌紫色米饭或者给蛋饼上色，遇到碱性食物变蓝色，遇到酸性食物变红色，长时间高温下颜色会变得越来越淡直至无色。

餐盒的选择

目前市场上的餐盒按材质不同大致分为木质的、玻璃的以及食品级塑料的三大类，下面从功能和实用性两个方面进行对比。

木质餐盒

优点：木质餐盒质感比较好，食物放进去以后看起来特别古朴，有感觉，让人有想吃的冲动。

缺点：密封性不好，汤汁容易漏洒出来，为了防水防霉，上面会涂油漆，不适合进行加热，不容易清洗干净，一旦长时间受潮可能会发霉。

玻璃餐盒

优点：采用透明的耐高温玻璃制造，里面的食物一目了然，密封性尚可，视觉效果好，可加热，好清洗，不发霉。

缺点：不小心掉到地上易摔碎，盒子比较沉，携带不方便。

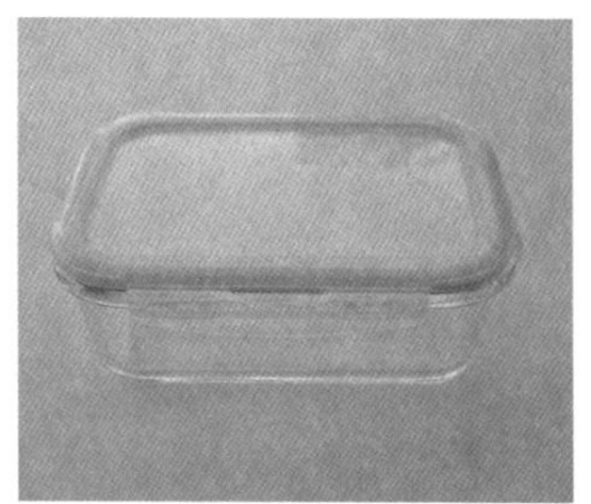
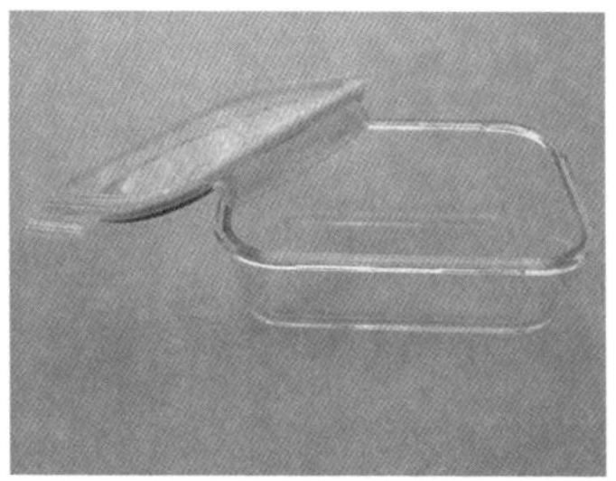

塑料餐盒

优点：采用食品级耐高温塑料材质制成，密封效果好，可加热，好清洗，不发霉，不怕摔，轻巧，方便携带。

缺点：市场上部分不合格商品有可能是回收塑料做的，会对健康造成一定的影响，所以选值得信赖的大品牌很重要。餐盒首先要选择材质安全放心的，密封效果好的，可以加热的，轻巧又方便携带的，可以根据孩子平时的食量选择合适的大小。有些餐盒为了防止串味会有分隔，我做造型的时候觉得这样的餐盒会限制食材的摆放，所以喜欢整体一个大空间的，然后用生菜等将易串味的食材分开，这个可以根据个人喜好去选择。

健康调味品

儿童有机酱油

零添加，不含色素、防腐剂、味精，减盐 30%，不会给孩子的肾脏造成负担。可用于炒菜、凉拌、蘸食等，我经常会用酱油来代替食盐，这样能有效避免孩子摄入过多的钠。

有机初榨橄榄油

比普通植物油营养价值高，可以用于炒菜、腌菜、凉拌菜，或者西蓝花等蔬菜焯水时加入少许，可以保持漂亮的颜色和好的口感。

香菇粉

直接买干香菇擦干净，或者将鲜香菇洗净自然风干后用烤箱或炒锅焙烤至稍脆，然后用打粉机打成粉状，荤食或素食均可以使用，它是鸡精或味精的替代品。

虾皮粉

选比较干燥的虾皮，注意不要湿湿的那种，然后放入打粉机打成粉，也可以洗干净用烤箱烘干再打粉。因为虾皮粉的味道比较大，所以建议在素食里面使用会比较好，放在荤食里面使用有可能遮盖住其他食材的味道。因为虾皮粉略咸，所以可以适当减少一些食盐的使用量，它是鸡精或味精的替代品。

外带营养餐注意事项

1. 为了防止滋生细菌，在装盒前用白醋将餐盒里面擦拭一遍，白醋挥发后不会影响食物的味道。

2. 外带营养餐因为不是立刻食用，所以经过长时间的存放有可能滋生细菌，导致食物变质，所以菜要选择比较适合外带的制作方式和品种，比如油炸的、烘烤的、厚蛋烧、西蓝花等，这些既没有什么汤汁又能够较长时间不变质。

3. 外带营养餐最忌讳的是汤汁多的食材，因为会到处流动、串味、变质，尤其不适合绿叶青菜类，所以里面经常会用生菜垫底和用西蓝花等去代替。

4. 对于放入餐盒的食材，除了保温餐盒外，普通盒子一定要等食材全部凉透再装盒盖盖，避免盒内聚积过多的水汽导致细菌滋生。

5. 食材不适合用醋处理，因为会导致食材变色，不美观，可以把醋用酱料瓶装上，吃的时候洒上去或者放几片柠檬片进去。

6. 夏季温度较高，食物容易腐坏变质，一定要在餐盒包里放上冰袋保鲜。

7. 很多餐盒的盖子是不可以加热的，若要给便当加热，一定要看清楚。并且由于里面食材的造型问题，加热时间不能过久，以免破坏整体造型。

趣味营养餐的制作小技巧

大米的选择与蒸制

1. 大米可以选品质好点的带有黏性的短粒米，蒸米用的米和水的比例为新米（含水量高）和水 1 ∶ 1，或者陈米和水 1 ∶ 1.1（长粒香米等蒸出来没有黏性的是不可以的）。

2. 蒸米的时候可以加少许白醋，这样能使米饭松软清香，夏季还可以延缓米饭变质的时间。也可以加少许食用油，可以使米饭更加晶莹透亮，颗粒分明。

3. 做造型的时候为了不影响效果可以直接蒸白米饭，或者掺入一少半糯米增加黏性，改善口感，也可以加入泡过栀子的水或蝶豆花茶汁等蒸出带颜色的米饭。

4. 不用米饭做造型的情况下建议做杂粮饭会更健康，杂粮饭中含大米、豆类、糙米、燕麦、荞麦、小米等，不仅营养加分，口感也更丰富。

制作蛋饼花

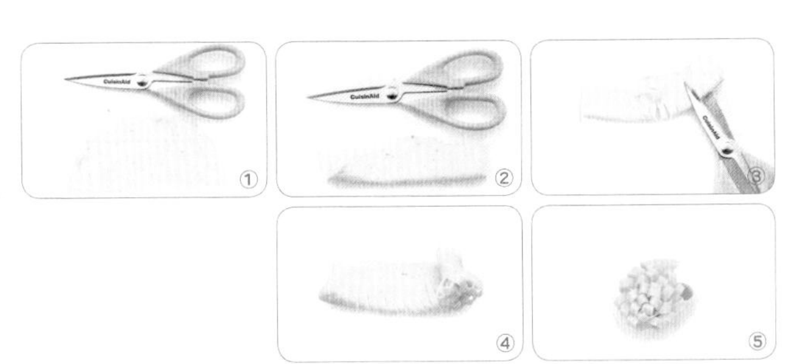

1. 取一半蛋饼。
2. 对折一下。
3. 用剪刀顺着一侧剪细条，注意剪至宽度的一半。
4. 从头卷起。
5. 最后用便当叉或炸面条固定。

制作胡萝卜花

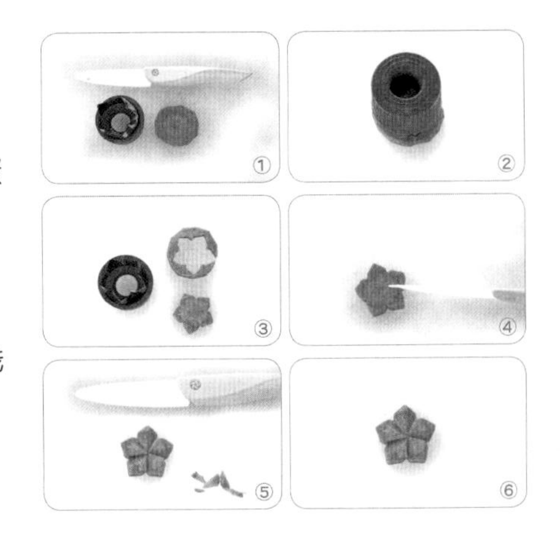

1. 切一片稍厚的胡萝卜。
2. 用花朵模具压出花形。
3. 取出来，去掉的边角料可以切碎，用来做厚蛋烧或榨汁。
4. 用刀子在每两个花瓣中间划一条竖线，共 5 条。
5. 在花瓣的 1/2 处朝一个方向向下斜切至刚刚划线的地方，去除切掉的部分，依次切好所有的花瓣，就会得到一朵立体感比较强的花朵。
6. 翻过来，另一面也切一下更好看。

制作小金鱼

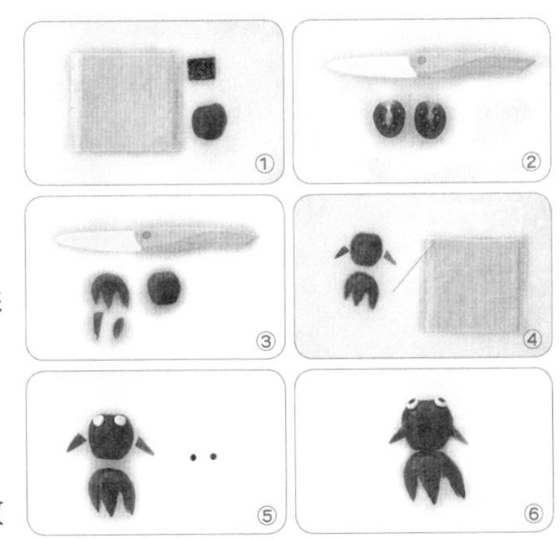

1. 准备一个圣女果、少许奶酪片或熟蛋清、少许海苔。
2. 圣女果对半切开。
3. 其中一半切掉两块，变成鱼尾巴形状。
4. 去掉的边角料稍微修饰一下变成鱼鳍摆在两边，用牙签或吸管把奶酪片（或熟蛋清）弄出两个圆形的金鱼眼睛。
5. 用海苔剪出两个黑色眼珠。
6. 黑色眼珠贴在奶酪（或熟蛋清）眼白上，眼白放在金鱼头上，各部位组合好就是一条可爱的小金鱼了。

制作火龙果花

1. 准备半个红心火龙果。

2. 去皮后放在案板上，用刀子切成薄片，太厚容易卷断。

3. 将火龙果片向后稍微错位依次推开。

4. 慢慢地从头开始卷起来就是火龙果花了。

制作山药紫薯花

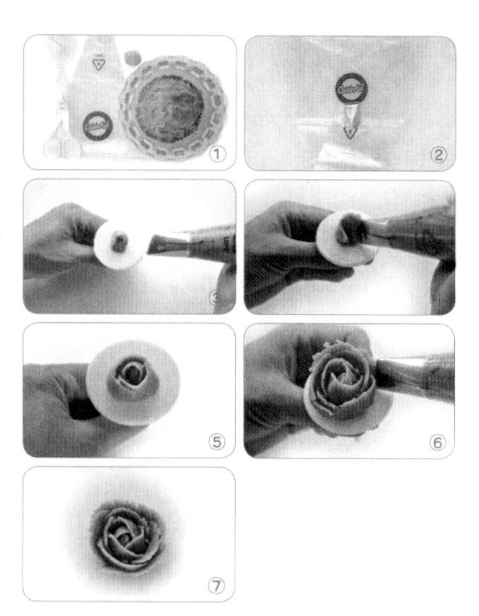

1. 准备好裱花袋、玫瑰裱花嘴、裱花钉、裱花剪。山药和紫薯研磨成泥后混合均匀。

2. 裱花袋剪一个小口，放入裱花嘴。

3. 装入山药紫薯泥，先在裱花钉上挤出下粗上细的锥形山药紫薯泥作为花瓣的支撑。

4. 裱花嘴细口朝上、宽口朝下，围着刚才的锥形顺时针挤出第一片花瓣。

5. 按照以上方法交错挤出 3 片花瓣围住刚才的锥形。

6. 一层层地交错挤出花瓣。

7. 想要含苞待放的，裱花嘴就往中间稍倾斜；需要盛开的，挤外层的花瓣时就把裱花嘴向外稍倾斜。

制作小蘑菇

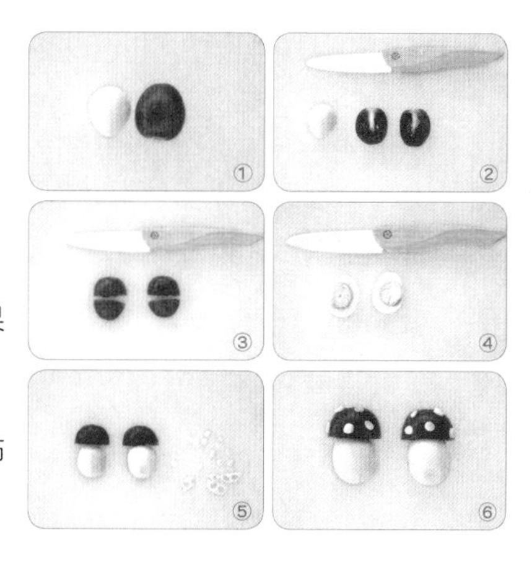

1. 准备一个圣女果或樱桃萝卜、一个煮熟的鹌鹑蛋。

2. 圣女果对半切开。

3. 再各自横着切掉一半。

4. 鹌鹑蛋对半切开。

5. 把鹌鹑蛋尖的一端切掉一点变平整，方便和圣女果组合，切掉的部分用小模具或吸管压出白色小圆点。

6. 把圣女果和鹌鹑蛋组合起来，上面放上小圆点装饰就变成了可爱的小蘑菇。

第二章 简单造型营养餐

草莓营养餐

作为极受欢迎的水果之一，草莓的供应期只有短短的几个月，我们一定要珍惜这几个月，好好享用美味的草莓。酸酸甜甜一口一个可真好吃啊！周末还可以去大棚里进行采摘，这样不但体验了采摘的乐趣，还了解了草莓生长的样子，这可是现在都市生活中很难看到的！如果能带上一份草莓营养餐是不是更加应景呢？

主食

草莓饭团：米饭 100 克，甜菜汁、黑芝麻、黄瓜皮各适量。

配菜

芝士夹心猪排：猪里脊 1 片，芝士片 1 片，脆炸粉、食盐、面包糠、油各适量。

荷兰豆炒木耳：荷兰豆 50 克，木耳 10 克，胡萝卜 20 克，油、食盐、香菇粉各适量。

草莓花：熟山药 50 克，胡萝卜碎适量。

其他：生菜、草莓各适量。

做法

草莓饭团

1. 米饭和甜菜汁拌匀，黄瓜皮用模具压出花朵的形状作为草莓的绿蒂。将米饭用保鲜膜包起来团成草莓形状，去掉保鲜膜后粘上黑芝麻和黄瓜皮绿蒂。

芝士夹心猪排

2. 脆炸粉加水搅拌至不稀不稠，加少许食盐，放入猪里脊裹匀。盘子里放一层面包糠，平铺上猪里脊肉，中间放上芝士片，对折起来，四周全部粘上一层面包糠。
3. 炒锅里放油，将猪排两面炸至金黄。

荷兰豆炒木耳

4. 胡萝卜切花，木耳泡发。
5. 沸水里面加少许油，放入胡萝卜、荷兰豆、木耳焯一下捞出。
6. 炒锅里放油，加热后倒入刚焯完的食材翻炒片刻，加少许食盐、香菇粉出锅。

草莓花

7. 熟山药去皮，用榨汁器捣成泥。
8. 用手捏出五瓣花朵，中间放一点胡萝卜碎点缀。

装盒

9. 餐盒里面铺上生菜，放上饭团和所有的配菜，找个位置放上草莓（如成品图所示）。

若没有甜菜汁，也可以用草莓汁或苋菜汁给米饭上色。

1 2 3 4

5 6 7 8

稻荷寿司营养餐

日本料理中有一种豆皮寿司，味道酸酸甜甜的。它是掺了醋和白糖做成的，叫作“稻荷寿司”。传说日本的稻荷神是狐狸，也就是我们中国北方传说的狐仙，据说狐狸很喜欢吃油豆皮，以稻荷为名，取其丰收之意，听说吃了稻荷寿司会有好运哦！小朋友们要不要来试试？做起来真是超级简单呢。

主食

稻荷寿司：藜麦饭 60 克，油豆皮 1 张。

配菜

水煮虾：大虾 50 克，食盐适量。

蒸南瓜：南瓜 50 克。

糖醋心里美萝卜：心里美萝卜 60 克，白糖、白醋各适量。

蔬菜沙拉：樱桃萝卜、紫甘蓝、苦苣、熟芝麻、柠檬沙拉汁各适量。

黄瓜卷：小黄瓜 1 根。

柠檬片和胡萝卜花：柠檬、胡萝卜各适量。

其他：生菜、圣女果各适量。

做法

稻荷寿司

1. 油豆皮对角切开。
2. 取一半从中间揭开，下面的角向里折，填上藜麦饭压实。

水煮虾

3. 大虾去掉虾尾和虾线。锅里加入水和食盐煮沸，放入大虾煮熟捞出。

蒸南瓜

4. 南瓜上锅蒸熟。

糖醋心里美萝卜

5. 心里美萝卜去皮，切丝，加白醋和白糖拌匀入味。

蔬菜沙拉

6. 樱桃萝卜切片，紫甘蓝切丝。
7. 樱桃萝卜、紫甘蓝和苦苣用柠檬沙拉汁拌匀入味，撒上熟芝麻。

黄瓜卷

8. 黄瓜去皮，用削皮刀削成长条后卷成卷。

柠檬片和胡萝卜花

9. 柠檬切片作装饰用。
10. 胡萝卜切花，用沸水焯熟后作装饰用。

装盒

11. 餐盒里面铺上生菜，放入稻荷寿司及所有配菜，最后放入圣女果（如成品图所示）。

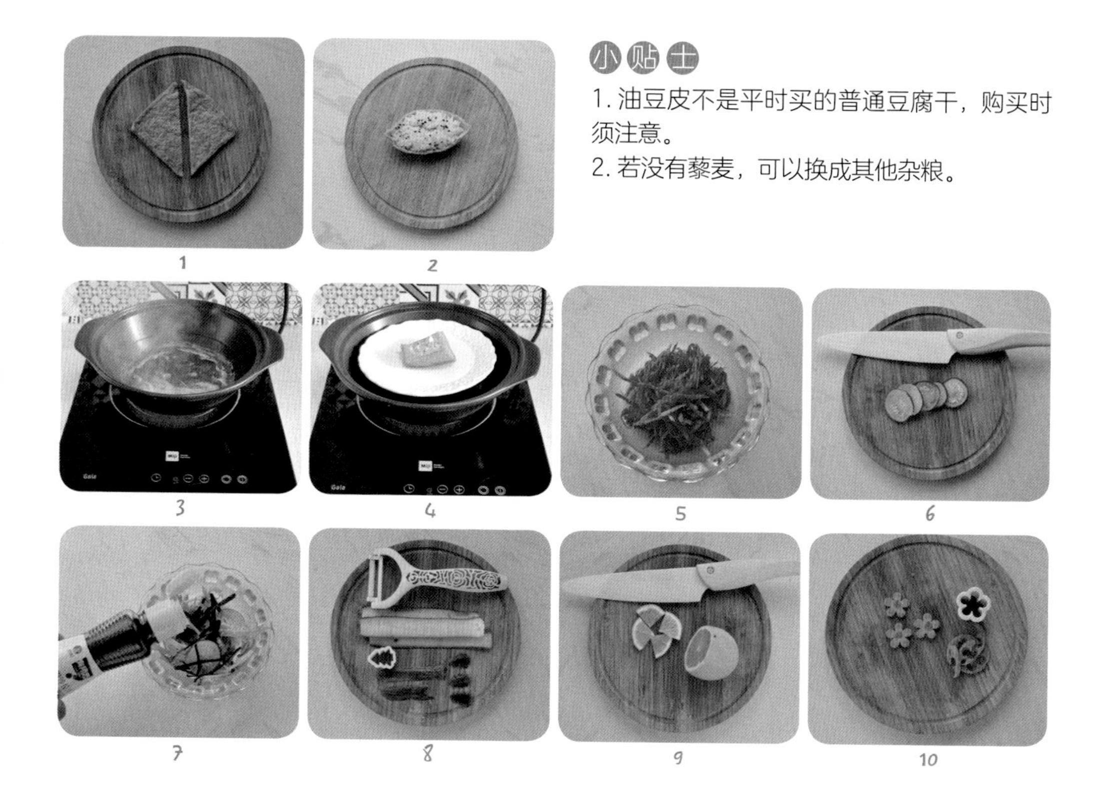

小贴士

1. 油豆皮不是平时买的普通豆腐干，购买时须注意。
2. 若没有藜麦，可以换成其他杂粮。

狗狗汉堡营养餐

我特别喜欢吃汉堡，每次到外面看见汉堡都走不动，但妈妈却说：“孩子，那种食物吃多了不健康。”可是我就是很想吃怎么办？看着我渴望的小眼神，妈妈说：“我们回家，妈妈给你变一个汉堡怎么样？”“好啊好啊，我要吃妈妈做的汉堡，一定比外面的健康。”于是回到家，我就和妈妈一起忙碌起来。很快，我们的汉堡套餐就做好了，有鸡米花，有薯条，还有可爱的狗狗汉堡，这个外面可买不到，还是妈妈最好，我爱妈妈！

我要开动了！谢谢妈妈，太美味了，我以后就要吃妈妈做的汉堡。

主食

狗狗汉堡：米饭 100 克，芝士片 1 片，鸡胸肉 30 克，鸡蛋黄 1 个，番茄 1 片，油、面包糠、海苔、沙拉酱、食盐、番茄酱各适量。

配菜

薯条：鸡蛋清 1 个，冷冻薯条 60 克，芝士片 1 片，红曲粉、番茄酱、海苔各适量。

鸡米花：鸡胸肉 50 克，鸡蛋黄 1 个，面包糠、食盐、油各适量。

其他：生菜、杨桃各适量。

做法

狗狗汉堡

1. 米饭用保鲜膜团出两个米饼和狗狗的两只耳朵，海苔切出眼睛、鼻子、嘴。

2. 鸡蛋的蛋清、蛋黄用隔蛋器和摇摇杯分离。

3. 蛋黄里加少许食盐打散，切一片鸡胸肉用来做成鸡排夹入汉堡中，剩下的切块，做鸡米花。鸡胸肉放入蛋黄里蘸一下，再裹一层面包糠。把鸡排放入油锅里炸至两面金黄。

4. 餐盒底部铺上生菜，放一片米饼，上面放上生菜、鸡排、芝士片、番茄，每一层都挤上沙拉酱，最后再盖上一片米饼，放上耳朵、眼睛、鼻子、嘴，用番茄酱画出红脸蛋和舌头。

薯条

5. 红曲粉加水化开，取少许加入到鸡蛋清里拌匀。

6. 用不粘锅将食材摊成蛋饼。

7. 将蛋饼切成长方形，对折，前面剪出一个缺口做成袋子形状。

8. 薯条炸熟后装入鸡蛋饼袋子中，芝士片和海苔切出小狗的五官，番茄酱画红脸蛋，旁边放一小份番茄酱蘸着吃。

鸡米花

9. 将剩余的鸡胸肉切成小块，裹一层蛋黄液（鸡蛋黄加食盐打散），裹上面包糠放入油锅中炸至金黄。

装盒

10. 所有造型都摆好后，杨桃切片摆入餐盒中（如成品图所示）。

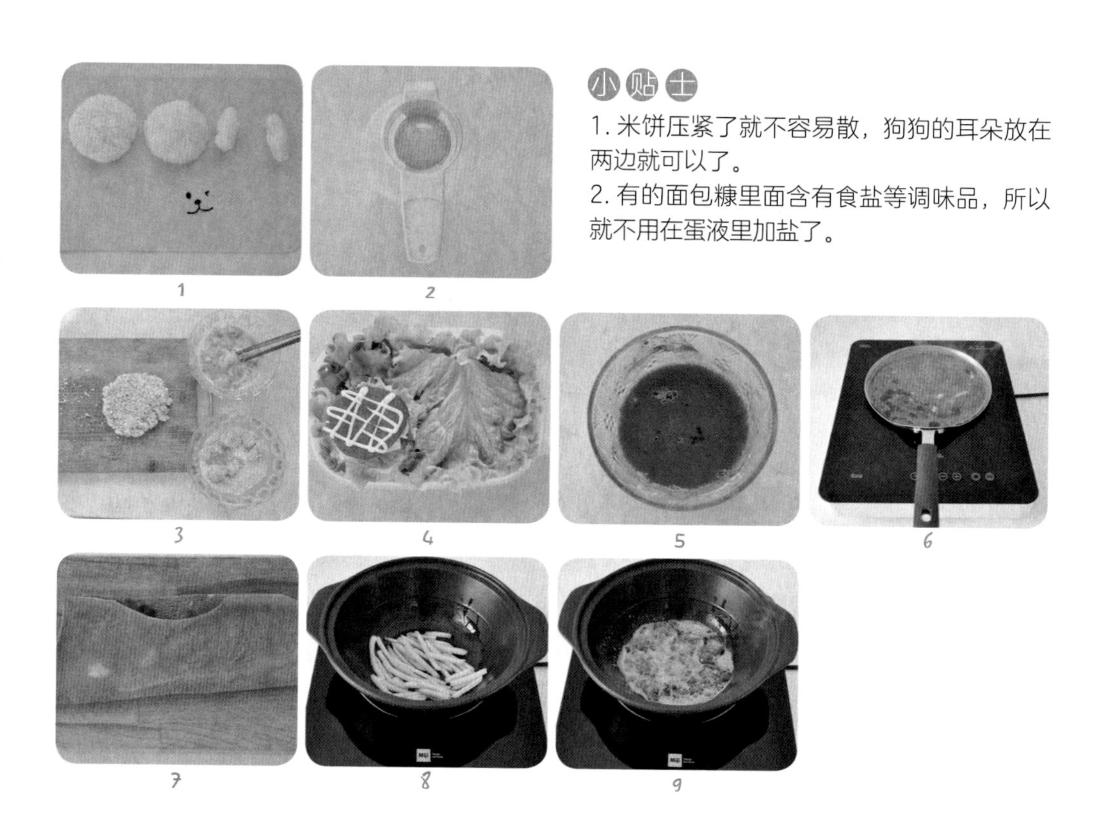

小贴士

1. 米饼压紧了就不容易散，狗狗的耳朵放在两边就可以了。

2. 有的面包糠里面含有食盐等调味品，所以就不用在蛋液里加盐了。

可爱瓢虫营养餐

春天的花园里总是能看到一些漂亮的七星瓢虫，我很想抓一只来玩。妈妈说七星瓢虫是益虫，专门保护庄稼，消灭害虫，所以我们要保护好它。听了妈妈的话，我决定不抓它了，还找来放大镜仔细地观察，想看看七星瓢虫是怎样抓住那些破坏植物的害虫的。我长大要做一个虫虫科学家，专门研究各种虫虫，那一定是一个很棒的职业，连妈妈都鼓励我呢。

海苔包起来的大饭团像寿司一样，吃起来比较方便，里面夹了各种好吃的馅料，一口吃下去很有层次感，是不是已经跃跃欲试了呢？

主食

夹心饭团：米饭 150 克，海苔 2 张，肉松、脆花酥、咸蛋黄、蟹子酱各适量。

配菜

瓢虫：圣女果、黑橄榄、蕨根粉各适量。
树叶：猕猴桃适量。
其他：羽衣甘蓝、胡萝卜、黑玉米粒各适量。

做法

夹心饭团

1. 咸蛋黄蒸熟碾碎。
2. 铺一张海苔，上面放上一层米饭，继续放蟹子酱、脆花酥、肉松、咸蛋黄。
3. 上面再铺一层米饭。
4. 用海苔包好米饭，对半切开。用同样的方法再做一个饭团，对半切开。
5. 餐盒里铺上羽衣甘蓝，放上饭团。

瓢虫

6. 圣女果对半切开，和海苔、黑橄榄、蕨根粉组合成瓢虫。

树叶

7. 猕猴桃切成大片,再切出几片树叶的形状。

装盒

8. 将瓢虫和树叶放到饭团上，胡萝卜切花，与其他配菜一起放到餐盒中(如成品图所示)。

小贴士

1. 做瓢虫时若没有黑橄榄，可以用蓝莓代替。
2. 包饭团的时候料不能太多，以免后面包不住，漏出馅料。

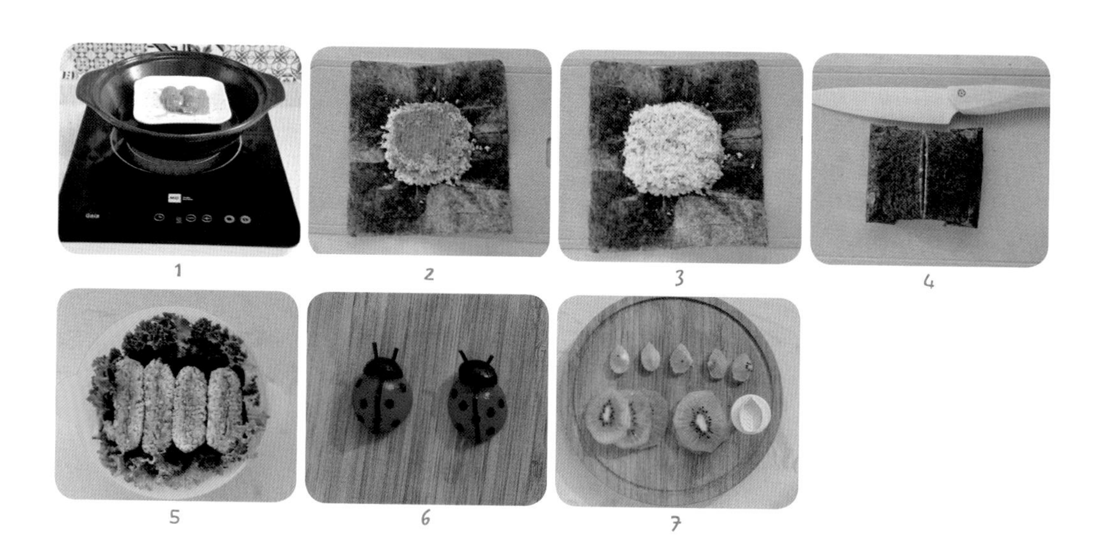

1 2 3 4 5 6 7

时间营养餐

许多小朋友平时做事拖拖拉拉的，其实我们每天的时间都很宝贵，可以做很多很有意义的事情，如果就这么白白浪费了，真是很可惜。

可能很多小朋友还没有时间的概念，1 小时等于多少分钟？ 1 分钟等于多少秒钟？钟表的时针和分针怎么看？也许有些小朋友一头雾水。别着急，让爸爸妈妈来告诉你，合理利用时间，这样才能提高自己的做事效率，这是我们从小就要养成的好习惯。

主食

钟表饭团：米饭 100 克，黑玉米粒、樱桃萝卜、海苔各适量。

配菜

红烧翅中：鸡翅中 2 个，油、白糖、宝宝有机酱油各适量。

炒丝瓜：丝瓜 100 克，油、宝宝有机酱油、香菇粉各适量。

煮宝塔菜：宝塔菜 100 克，橄榄油、食盐各适量。

樱桃萝卜蝴蝶结：樱桃萝卜 1 个。

芒果花：芒果 1 个。

其他：紫生菜、蓝莓各适量。

做法

钟表饭团

1. 米饭用保鲜膜团成圆形，上面用海苔、黑玉米粒和樱桃萝卜装饰。

红烧翅中

2. 鸡翅中在背面划两刀容易入味，用开水煮一下。炒锅中放入油和白糖，糖开始变色的时候放入鸡翅中翻炒。
3. 倒入宝宝有机酱油和适量温水收汁盛出。

炒丝瓜

4. 丝瓜去皮，切片，炒锅油热后放入丝瓜翻炒，加适量宝宝有机酱油和香菇粉炒熟出锅。

煮宝塔菜

5. 宝塔菜放入加了橄榄油和食盐的沸水中煮熟。

樱桃萝卜蝴蝶结

6. 樱桃萝卜对半切开，皮上斜着切一些花纹，拼成蝴蝶结的形状。

芒果花

7. 芒果去皮切片，排列好后从头卷起做成花。

装盒

8. 紫生菜铺入餐盒中，再将所有食材造型摆入盒中，最后放入蓝莓（如成品图所示）。

1. 鸡翅中先煮一下再炒更易熟。
2. 芒果片切得薄一点容易卷成花。

糖果营养餐

甜甜的糖果每个小朋友都很喜欢，尤其逢年过节时，家家户户都会准备糖果来招待小朋友们。糖果确实十分好吃，可是一旦吃多了就容易导致肥胖，影响食欲，造成龋齿，所以偶尔可以少吃一点，千万不要吃过量哦。

我们今天要教小朋友做一颗糖果。什么？刚说了吃糖不好，就要教我们做糖？别紧张，今天要做的糖果有点不一样哦，今天的糖果不但好吃还很健康呢，不信看看就知道了。

主食

糖果饭团：米饭 100 克，肉松、熟芝麻、糖果纸各适量。

配菜

黄瓜炒银鱼：黄瓜 100 克，银鱼 20 克，食盐、油、香菇粉各适量。

烧日本豆腐：日本豆腐 60 克，油、宝宝有机酱油各适量。

秋葵厚蛋烧：秋葵 1 根，鸡蛋 2 个，胡萝卜、宝宝有机酱油各适量。

胡萝卜糖果：胡萝卜、食盐、橄榄油各适量。

其他：生菜、红柚各适量。

做法

糖果饭团

1. 米饭中加入肉松和熟芝麻拌匀。
2. 铺一层糖果纸，上面放上米饭，中间再包上一点肉松。
3. 像包糖果一样卷起来，拧紧。

黄瓜炒银鱼

4. 黄瓜去皮，拍碎，银鱼洗净，泡软。
5. 炒锅油热后放入黄瓜翻炒，再加入泡好的银鱼一起翻炒，加食盐、香菇粉调味出锅。

烧日本豆腐

6. 日本豆腐切小块，油热后放入炒锅不要着急翻动，等一会儿再翻，加少许宝宝有机酱油上色出锅。

秋葵厚蛋烧

7. 秋葵先用开水焯烫一下，快速捞出。
8. 胡萝卜去皮、切碎，鸡蛋打散，两种食材混合在一起，加入少许宝宝有机酱油拌匀。
9. 蛋液倒入不粘锅快速晃匀，摊开，一端放上秋葵，蛋液下面凝固后从有秋葵的地方卷起，卷成秋葵蛋卷。
10. 出锅后切小段。

胡萝卜糖果

11. 胡萝卜切片后剪成糖果造型，用加了橄榄油和食盐的沸水焯一下。

装盒

12. 生菜铺入餐盒底部，放上饭团和配菜，找一个位置放入红柚（如成品图所示）。

小贴士

若没有糖果纸，可以用烘焙油纸、保鲜膜或蛋皮等。

1 2 3 4 5 6 7 8 9 10 11

小蘑菇营养餐

“采蘑菇的小姑娘，背着一个大箩筐，清早光着小脚丫，走遍树林和山岗……”这首歌小朋友们一定都会唱，是不是很羡慕采蘑菇的小姑娘呢？我们现在生活在城市里面，很多东西平时是看不到的，所以有机会的时候可以让爸爸妈妈带着你去乡下转转，看看不一样的世界。你想采蘑菇吗？跟我一起来吧！

主食

蘑菇饭团：米饭 100 克，红心火龙果半个，水煮蛋 1 个。

配菜

红烧翅根：鸡翅根 2 个，油、白糖、宝宝有机酱油各适量。

炒蟹味菇：蟹味菇、食盐、油、香菇粉各适量。

炒西蓝花：西蓝花 100 克，食盐、油、香菇粉各适量。

小蘑菇：熟鹌鹑蛋、樱桃萝卜各适量。

火龙果花：红心火龙果半个。

南瓜花：贝贝南瓜泥适量。

其他：生菜、紫苏叶各适量。

做法

蘑菇饭团

1. 红心火龙果去皮，取半个榨汁后，取适量火龙果汁加入米饭中拌匀。
2. 米饭用保鲜膜团出蘑菇造型，下面用水煮蛋切掉顶部做成蘑菇柄，切掉的部分用模具或吸管压出圆点贴在蘑菇上。

红烧翅根

3. 鸡翅根用开水煮熟。
4. 炒锅放油，加入适量白糖，加热至其熔化变色，放入鸡翅根翻炒上色，倒入适量宝宝有机酱油，中火收汁即可。

炒蟹味菇

5. 炒锅油热后放入蟹味菇翻炒，加少许食盐、香菇粉炒熟出锅。

炒西蓝花

6. 炒锅油热后放入西蓝花翻炒，加少许清水、食盐、香菇粉炒熟出锅。

小蘑菇

7. 鹌鹑蛋去壳后对半切开，去掉顶端。樱桃萝卜切成四瓣，取一瓣和鹌鹑蛋组合起来，多余的蛋清边角料切成蘑菇上的小圆点。

火龙果花

8. 半个火龙果切薄片，错位叠在一起，从头卷起做成花朵。

南瓜花

9. 贝贝南瓜泥装入有玫瑰花嘴的裱花袋，挤出花朵。

装盒

10. 餐盒底部铺上生菜和紫苏叶，放上配菜和饭团（如成品图所示）。

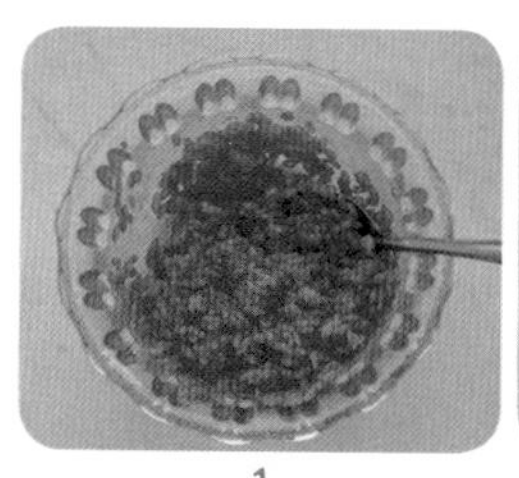
1

2

小贴士

1. 西蓝花稍微炒一下就好，炒太久容易失去脆嫩的口感。
2. 红烧翅根炒糖色的时候一定要把握好火候，炒过了会变得很苦。

3

4

5

6

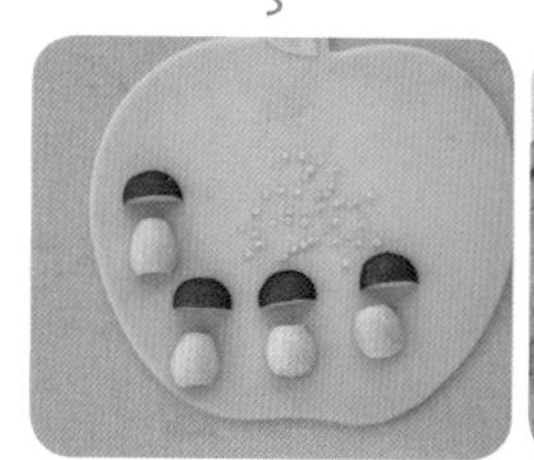
7

8

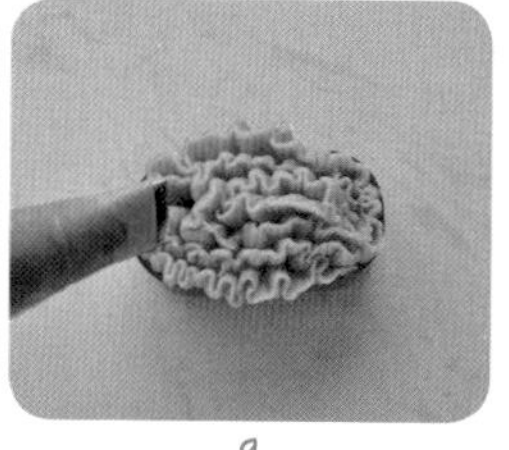
9

小猪营养餐

一只在猪圈里睡觉的小猪被突然飘来的一阵香味给馋醒了，肚子饿得发出咕噜噜的声音，谁家在做好吃的呀？太香了，太想吃了。小猪闭上眼睛，边咽口水边说：“有鹌鹑蛋、笔管鱼、好吃的坚果和紫薯。”仿佛这些食物就在小猪面前，它忍不住张嘴吃了起来……嗯，真好吃呀，吃着吃着小猪微笑着又睡着了。哎，这头小懒猪！

我们可不能学小猪好吃懒做，只会睡觉。想要健康又聪明，小朋友要常吃坚果哦！

主食

小猪饭团：米饭 100 克，樱花粉、黑芝麻酱各适量。

配菜

烩三鲜：鹌鹑蛋 30 克，腐竹 100 克，木耳 10 克，油、宝宝有机酱油、食盐各适量。

酱烧笔管鱼：笔管鱼 100 克，油、有机豆瓣酱各适量。

香肠花：小香肠 3 根。

小猪：鹌鹑蛋 1 个，火腿肠、黑芝麻酱、草莓果酱各适量。

其他：生菜、圣女果、熟紫薯、混合坚果各适量。

做法

小猪饭团

1. 取出一些米饭，混入樱花粉拌匀。

2. 白米饭用保鲜膜团出圆形脸，用粉米饭捏出耳朵和鼻子,用黑芝麻酱画出眼睛和鼻孔。

烩三鲜

3. 鹌鹑蛋去壳,锅中油热后放入鹌鹑蛋,煎黄。

4. 放入泡好的腐竹和木耳一起翻炒，加适量宝宝有机酱油、食盐出锅。

酱烧笔管鱼

5. 笔管鱼洗净,从中间抽出那根透明的软骨，鱼肉切小段，炒锅油热后放入笔管鱼翻炒，加适量有机豆瓣酱炒熟出锅。

香肠花

6. 香肠切两半，横截面处切十字花刀。

7. 锅里加水煮沸，香肠放进去等到自然开花后捞出。

小猪

8. 鹌鹑蛋顶端一半处切一刀,切一片火腿肠，剪出小猪的鼻子和耳朵，耳朵塞入鹌鹑蛋的开口处，用黑芝麻酱画出眼睛，用草莓果酱画出红脸蛋。

装盒

9. 生菜铺入餐盒，放上饭团和配菜，摆上熟紫薯、混合坚果和圣女果(如成品图所示)。

小贴士

若没有樱花粉，就用红心火龙果或苋菜汁代替。

1 2 3 4 5 6 7 8

月亮晚安营养餐

一个宁静的夜晚，天空中挂着一弯月牙和几颗星星，星星在调皮地眨着眼睛，仿佛在说：“小朋友，快来和我一起玩呀！”夜深了，月亮婆婆说：“孩子们该睡觉了，早睡早起才能身体好。”小星星们恋恋不舍地闭上了眼睛，看着孩子们都睡着后，月亮婆婆也进入了梦乡，月亮婆婆晚安！希望每个小朋友都能做一个甜甜的梦。

主食

米饭：杂粮饭 100 克，海苔 1 张。

配菜

月亮、星星、白云：鸡蛋 1 个，海苔、樱桃萝卜皮、草莓果酱各适量。

牛肉片：五香牛肉适量。

南瓜星星：南瓜、草莓果酱各适量。

煮西蓝花：西蓝花、橄榄油、食盐各适量。

其他：生菜、糖醋心里美萝卜丝、蓝莓各适量 。

做法

米饭

1. 杂粮饭装满餐盒的一半，压平，上面盖一张海苔。

月亮、星星、白云

2. 将鸡蛋的蛋清和蛋黄分离，打散后分别摊出蛋白饼和蛋黄饼。
3. 在蛋黄饼上用牙签刻出月亮的形状。
4. 再用模具压出一些星星和白云，樱桃萝卜皮做成帽子，海苔做成眼睛和嘴，用草莓果酱画出红脸蛋。
5. 将月亮、星星、白云放在海苔上。

牛肉片

6. 提前煮好的五香牛肉切片。

南瓜星星

7. 南瓜切片蒸熟。
8. 用模具把南瓜切成星星，用海苔剪出星星的眼睛和嘴，用草莓果酱画出红脸蛋。

煮西蓝花

9. 汤锅中加水煮沸，放入适量橄榄油、食盐，把西蓝花煮熟捞出。

装盒

10. 餐盒的另一半铺上生菜，放上牛肉片、糖醋心里美萝卜丝、煮西蓝花、蓝莓、星星（如成品图所示）。

小贴士

1. 盖在米饭上的海苔会收缩，所以尺寸要留有余地，防止收缩后留白边不美观。
2. 糖醋心里美萝卜丝是由心里美萝卜擦细丝后用白醋和白糖凉拌制成的。

云朵营养餐

蓝蓝的天上飘着朵朵白云，它们时而像小猪，时而像小狗，这种变换真的很有趣！我说啊，白云最像棉花糖，好想一把抓下来就吃掉，它一定很甜很甜，甜得我都不想睁开眼睛，因为睁开眼睛棉花糖就不见了，眼前还是飘着白白的云，咦，我的棉花糖呢？

你吃过紫土豆吗？一定不要被它的颜色吓到。紫土豆属于新品种，里面富含营养哦！

主食

白云饭团：米饭 100 克，海苔、草莓果酱各适量。

配菜

清炒紫土豆：紫土豆 100 克，油、食盐、鸡肉粉各适量。

茄汁丸子：干炸肉丸 50 克，油、白糖、番茄酱各适量。

煮宝塔菜：宝塔菜 100 克，橄榄油、食盐各适量。

煮豌豆：豌豆（带豆荚）5~6 个。

其他：生菜、圣女果各适量。

做法

白云饭团

1. 米饭用保鲜膜包起来，捏成云朵造型。用海苔剪出眼睛和嘴，用草莓果酱画出红脸蛋。

清炒紫土豆

2. 紫土豆去皮擦成细丝，洗掉淀粉。炒锅油热后放入土豆丝翻炒，加少许食盐和鸡肉粉炒熟出锅。

茄汁丸子

3. 干炸丸子煮软。
4. 炒锅油热后放入丸子翻炒，加入番茄酱和白糖以及少许清水收汁出锅。

煮宝塔菜

5. 锅里加水煮沸，放入适量橄榄油、食盐，放入宝塔菜煮熟捞出。

煮豌豆

6. 豌豆荚煮熟。

装盒

7. 生菜铺入餐盒，放上所有的配菜和饭团，最后放上圣女果（如成品图所示）。

1. 也可以不用事先炸好的肉丸，用纯瘦肉丸子或贡丸也行。
2. 豌豆不要煮得太过火，否则皮会变得不好看。

第三章 春季趣味营养餐

鞭炮营养餐

春节到，放鞭炮，穿新衣，戴新帽！当然小朋友还有压岁钱可以收，我都好想回到童年呢！放鞭炮虽然很有节日气氛，但是既不安全又污染空气，不如我们一起来做一份鞭炮营养餐吧。在噼里啪啦的鞭炮声中，迎春花已经悄然绽放，春天已经离我们很近了。

过年虽然好吃的东西很多，但小朋友还是要避免吃太多油腻的食物，同时要多补充新鲜水果、蔬菜和粗杂粮。今天的米饭里加了好吃的燕麦，增加了丰富的 B 族维生素和膳食纤维。均衡的膳食搭配，在即将到来的春天，会为孩子的健康加分。

主食

燕麦米饭：燕麦米饭 100 克。

配菜

糖醋排骨：肋排 2 块，番茄酱 1 勺，酱油 1 勺，白糖 2 勺，醋 2 勺，清水 5 勺。

五彩黄瓜卷：冷冻什锦菜（玉米、青豆、胡萝卜）50 克，鸡蛋 1 个，黄瓜 1 根，油适量。

迎春花：鸡蛋 1 个，水淀粉（玉米淀粉）适量。

鞭炮：胡萝卜、食盐各适量。

火龙果球：红心火龙果半个。

其他：生菜适量。

做法

燕麦米饭

1. 燕麦米饭装满餐盒的一半，压平。

糖醋排骨

2. 肋排洗净，用沸水煮熟捞出。取炒锅加入番茄酱、酱油、白糖、醋、清水，等水沸后放入肋排，慢慢将汁收至浓稠并且均匀挂在肋排上即可。

五彩黄瓜卷

3. 鸡蛋打散，锅中油热后放入蛋液翻炒成蛋花。
4. 加入冷冻什锦菜一起炒熟。
5. 黄瓜去皮，用削皮刀削成长条，放入餐盒里时卷成一个筒状，中间填上炒好的菜。

迎春花

6. 鸡蛋打散，加入少许水淀粉，用不粘锅小火摊成蛋饼。
7. 蛋饼切成长条形状，然后对折几次，竖着在一半处剪几道口子做成花瓣，然后把方形的花瓣上面修出尖头，蛋饼条打开，从头卷起就是迎春花了。

鞭炮

8. 胡萝卜去皮切片，用加了少许食盐的沸水焯软，然后切出像鞭炮一样的细长条。
9. 胡萝卜鞭炮摆在燕麦米饭上，用蛋饼边角料装饰鞭炮。

火龙果球

10. 红心火龙果用蜜瓜勺挖出圆球。

装盒

11. 餐盒的另一半铺上生菜，将所有配菜摆在餐盒里合适的位置即可(如成品图所示)。

1. 因为杂粮米饭不用造型，所以杂粮米饭的颜色对主体没有影响。米饭里面除了燕麦还可以增加更多的杂粮种类，如果口感比较粗糙，杂粮比例可以适当降低，增加白米饭的比例。
2. 摊蛋饼时不加水淀粉也可以，但是一定要用不粘锅及很少的油小火摊制。

春天来了营养餐

立春是二十四节气中的第一个节气，相传古时候人们在立春这一天会载歌载舞，盛装出席，用彩鞭鞭打泥牛，祈求一年的风调雨顺、五谷丰登，于是立春也叫打春。除了这些，人们还会吃春饼，咬春，有喜迎春季、祈盼丰收之意。

虽然我们没有泥牛，但是我们可以做个可爱的春饼牛，里面包的是吉祥如意、五谷丰登，一口咬下去，满满春天的味道。

主食

小牛春饼：春饼皮 1 张，绿豆芽 50 克，土豆 50 克，虾仁 30 克，火腿片 1 片，鸡蛋 1 个，油、海苔、生菜、葱姜水、食盐、醋、鸡肉粉各少许。

配菜

其他：熟芋头、熟黑玉米、羽衣甘蓝、草莓各适量。

做法

小牛春饼

1. 鸡蛋打散，小火摊成蛋饼后取一半切丝备用。
2. 炒锅油热后放入绿豆芽翻炒，加少许食盐、醋和鸡肉粉炒熟出锅。
3. 土豆去皮擦成细丝，用清水清洗浸泡去掉土豆淀粉。炒锅油热后放入土豆丝翻炒，加少许食盐、醋、鸡肉粉炒熟出锅。
4. 虾仁去掉虾线，提前用葱姜水浸泡片刻去腥。炒锅油热后放入虾仁翻炒，加少许食盐出锅。
5. 取1张春饼皮，放上生菜、蛋饼丝、绿豆芽、土豆丝、虾仁，然后包成一个长方形做成牛头。
6. 用海苔剪出小牛的犄角、眼睛、鼻子、嘴和花纹，用火腿片剪出耳朵。
7. 剩下的蛋饼切出花朵，最后作装饰用。

装盒

8. 餐盒底部铺上羽衣甘蓝，放上春饼，给小牛装饰上五官等，旁边空隙放上熟黑玉米、熟芋头、草莓、蛋饼花（如成品图所示）。

1. 羽衣甘蓝可以用生菜代替。
2. 春饼皮可以买，也可以自己做。
3. 炒土豆丝前一定要先用清水浸泡，除去淀粉，炒的时候才不会粘锅。

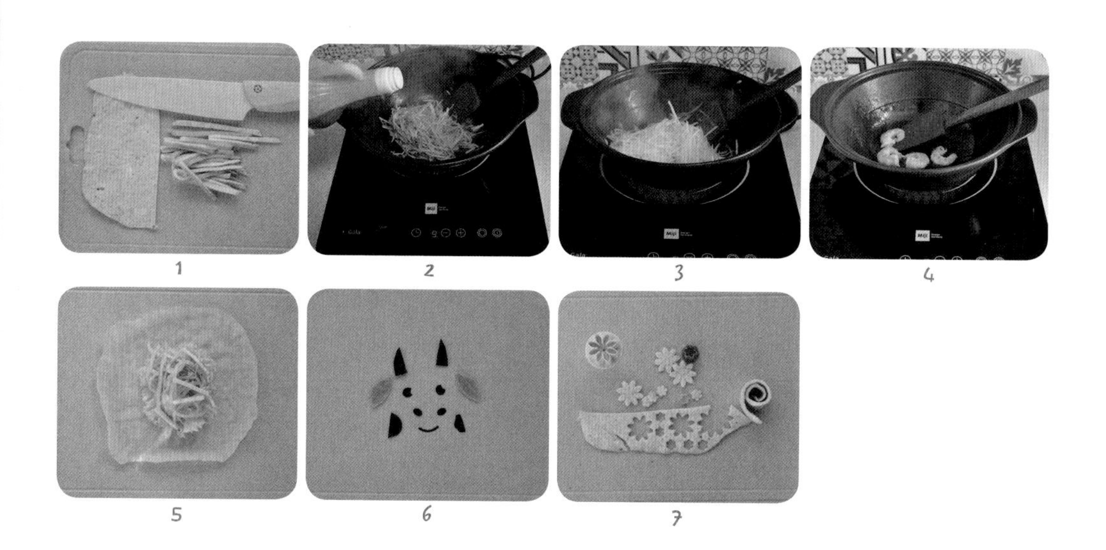

春天在哪里营养餐

“春天在哪里呀，春天在哪里？春天就在小朋友的餐盒里，这里有红花啊，这里有绿草……”冬眠了一整个冬天的小熊已经嗅到了春天的气息，迫不及待地打开窗户一看，哇：春天太美了，红的花，绿的草，蓝蓝的天，白白的云……小熊已经看得陶醉了。

牛油果营养丰富，除了直接食用，我们还能用它来拌米饭，把米饭变成漂亮的绿色，令米饭吃起来更香。小朋友快来把春天装进你的餐盒里吧。

主食

牛油果米饭：米饭 100 克，牛油果 1 个。

配菜

蛋饼小屋：鸡蛋 2 个，红曲粉、水淀粉（玉米淀粉）各适量。

小熊：熟山药 1 根，海苔、紫薯粉各适量。

香菇炒肉：香菇 50 克，猪瘦肉 50 克，宝宝有机酱油、油各适量。

煮西蓝花：西蓝花 100 克，食盐、橄榄油各适量。

其他：熟鹌鹑蛋 1 个，樱桃萝卜 1 个，生菜、苦苣各适量。

做法

牛油果米饭

1. 牛油果去皮切半，取一半牛油果切出一棵树的形状。剩下的切片，用榨汁器搅成泥。
2. 将牛油果泥和米饭混合均匀，装满餐盒的一半，压平。

蛋饼小屋

3. 鸡蛋的蛋清和蛋黄用隔蛋器和摇摇杯分离,蛋清和蛋黄分别打散后加入少许水淀粉。蛋清分成两份，其中一份加入少许用水化开的红曲粉，用摇摇杯晃匀。
4. 将三种蛋液分别用不粘锅小火摊成蛋饼，成为黄色、白色、粉色三种颜色的蛋饼。
5. 黄色蛋饼按照盒中米饭的尺寸切好，中间切出窗户的形状，盖在米饭上。粉色蛋饼切成条后卷成花，白色蛋饼切成云朵形状。

小熊

6. 熟山药去皮，用榨汁器搅成泥。取出少许山药泥，剩下的加适量紫薯粉拌匀，用两种颜色的山药泥捏出小熊，用海苔剪出鼻子、眼睛和嘴，贴上去。

香菇炒肉

7. 香菇和猪瘦肉用旋风切剁器切碎。
8. 炒锅油热后，将香菇碎和猪瘦肉碎倒入锅中翻炒，放适量宝宝有机酱油炒熟出锅。

煮西蓝花

9. 汤锅中放水煮沸，加少许食盐和橄榄油，放入西蓝花煮 1 分钟左右捞出。

装盒

10. 餐盒的另一半铺入生菜，上面放上配菜，苦苣装饰在花朵旁边。鹌鹑蛋和樱桃萝卜组合成小蘑菇放在餐盒中（如成品图所示）。

小贴士

1. 若没有紫薯粉，用紫薯泥就可以了。
2. 蛋液里面加红曲粉的时候，一定要先用少许水将红曲粉化开再加，防止结块。

1

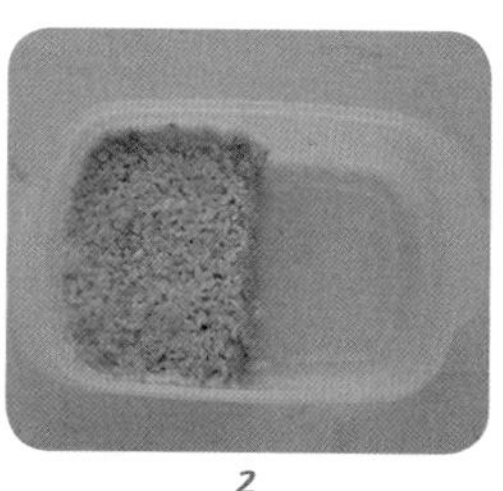

2

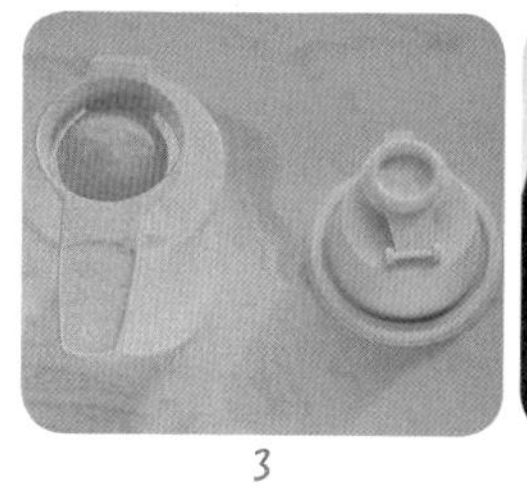

3

4

5

6

7

8

9

大黄鸭营养餐

大地解冻，河水回温，看啊，鸭妈妈在河里教鸭宝宝们抓小鱼呢，它们边游边高兴地呱呱呱唱着歌，仿佛在告诉我们春天来了。小朋友们，你们准备好迎接美丽的春天了吗？

五颜六色的食材搭配在一起是不是很有春天的感觉？南瓜和米饭混合在一起既漂亮又可以让不爱吃南瓜的孩子摄取到南瓜的营养。

主食

鸭妈妈饭团：白米饭 100 克，熟南瓜泥、胡萝卜、黑芝麻酱各适量。

配菜

煮西蓝花：西蓝花 100 克，橄榄油、食盐各适量。

五彩鸡胸：什锦菜（青豆、玉米、胡萝卜粒）30 克，黄瓜 50 克，鸡胸肉 30 克，油、食盐、洋葱粒、香菇粉各适量。

迎春花：鸡蛋 1 个，水淀粉（玉米淀粉）适量。

酱烧草菇：草菇 100 克，洋葱粒、油、有机宝宝酱油各适量。

胡萝卜花和小鱼：胡萝卜片、蛋饼、黑芝麻酱各适量。

其他：坚果、石榴、生菜、熟南瓜泥各适量。

做法

鸭妈妈饭团

1. 白米饭和熟南瓜泥混合均匀，用保鲜膜团出鸭子的各个身体部位，组合起来。用胡萝卜做出嘴，用黑芝麻酱做出眼睛。

煮西蓝花

2. 西蓝花用淡盐水清洗干净后放入加了橄榄油和少许食盐的清水中煮熟捞出（胡萝卜片和什锦菜可以一起焯水备用）。

五彩鸡胸

3. 黄瓜和鸡胸肉切丁，炒锅油热后加少许洋葱粒爆香，放入鸡胸肉翻炒至八分熟，加入焯熟的什锦菜和黄瓜丁，放少许食盐、香菇粉炒匀出锅。

迎春花

4. 鸡蛋打散，加入少许水淀粉，用不粘锅小火摊成蛋饼。
5. 蛋饼切成长条形，然后对折几次，如图所示剪出花瓣。打开蛋饼，从头卷起就是迎春花了，边角料可以对折后竖着剪成细条（剪至一半处）做成花蕊放在中间。

酱烧草菇

6. 炒锅油热后，放入少许洋葱粒爆香，放入草菇翻炒至九成熟，加适量宝宝有机酱油出锅。

胡萝卜花和小鱼

7. 焯熟的胡萝卜片用模具压出花朵和小鱼的形状，用蛋饼边角料做成花蕊加以点缀，用黑芝麻酱画出小鱼的眼睛。

装盒

8. 把生菜铺入餐盒底部，把配菜、饭团、坚果、石榴、熟南瓜泥等摆在合适的位置（如成品图所示）。

小贴士

1. 餐盒里的小鸭子宝宝是便当叉，若没有可以不放，或者用南瓜泥捏一个。
2. 西蓝花煮的时间千万不要长，否则除了水溶性维生素容易流失，口感也会变得不好。如果觉得味道太淡，可以出锅后加几滴酱油拌一下。
3. 这里用的南瓜泥是那种很干的贝贝南瓜制成的南瓜泥，方便造型。

1 2 3 4 5 6 7

福星高照营养餐

新年到，宝宝笑，挂灯笼，放鞭炮！红红的灯笼十分喜庆，挂上后立马就有了过年的气氛。灯笼可不仅是好看，它还有福星高照的寓意，所以家家户户过新年都会挂灯笼来讨个好彩头。

当然过年还要做福袋，把满满的福气统统包起来，吃到的人一整年都会有好运气。

主食

灯笼米饭：米饭 70 克，红彩椒 1 个，熟南瓜泥、金橘各少许。

配菜

炒西蓝花：西蓝花、食盐、香菇粉、油各适量。

福袋：肉馅（肥瘦 1 ∶ 9）50 克，香菇 30 克，什锦菜 30 克，豆腐皮 1 大张，香菜、宝宝有机酱油、食盐、香菇粉、葱姜水各适量。

其他：生菜、熟黑玉米、甜瓜、金橘各适量。

做 法

灯笼米饭

1. 红彩椒切开，去掉子，洗净后上锅蒸熟，撕掉外皮，切小块，用料理机打成彩椒泥。

2. 米饭用保鲜膜团出一个灯笼形状，上面用勺子均匀铺上一层彩椒泥，熟南瓜泥装入裱花袋，剪一个小口，挤出灯笼的黄线，用金橘切出灯笼的顶部、底拖和穗子。

炒西蓝花

3. 西蓝花用淡盐水清洗干净。油锅加热后放入西蓝花翻炒片刻，加少许温水、食盐、香菇粉炒匀出锅，时间不需要太久。

福袋

4. 香菇洗净切碎，和肉馅、什锦菜混合在一起，加入适量宝宝有机酱油、食盐、香菇粉、葱姜水搅拌均匀至完全入味。

5. 香菜去掉叶子，把香菜秆用沸水焯软。取1张豆腐皮切成4份，刚好4个方块，不必全部用完，根据肉馅的量，能做几个做几个。用豆腐皮包住做好的肉馅，用香菜秆扎住收口。

6. 锅里烧开水，加少许食盐和香菇粉，将福袋下锅煮熟，用高汤煮效果更好。

装盒

7. 餐盒中用生菜铺底，上面放上西蓝花、灯笼米饭、甜瓜、福袋、熟黑玉米、金橘即可（如成品图所示）。

小贴士

1. 福袋里面包什么菜都可以，建议加一点肥肉，口感更好。若有高汤，建议用高汤煮福袋。
2. 若实在不喜欢彩椒，可以用红心火龙果泥给米饭染色。

1 2 3 4 5 6

复活节小兔子营养餐

每年春分后，第一次月圆之后的第一个星期日是复活节，复活节象征着重生与希望。因为兔子具有极强的繁殖能力，人们视它为新生命的创造者，所以兔子是复活节的一种象征。除了兔子元素，孩子们还会通过画彩蛋和玩游戏来庆祝。小朋友，快来说说你打算怎样过复活节吧！

主食

兔子饭团：米饭 100 克，火腿片 1 片，肉松、海苔各适量。

配菜

彩蛋：熟鹌鹑蛋、甜菜根、蝶豆花、栀子各适量。
荠菜丸子：荠菜 50 克，猪肉馅 100 克，宝宝有机酱油、香菇粉、食盐、葱姜水各适量。
黄瓜炒豆干：黄瓜半根，豆腐干 50 克，食盐、香菇粉、油、宝宝有机酱油各适量。
鹌鹑蛋兔子：熟鹌鹑蛋 1 个，海苔少许。
其他：生菜、苦苣、圣女果各适量。

做法

兔子饭团

1. 用保鲜膜包住米饭，压扁，中间放上适量肉松包起来，捏成上窄下宽的兔子头。
2. 依次捏出兔子的耳朵和爪子，用火腿片剪出耳朵和红脸蛋,用海苔剪出眼睛、鼻子和嘴。
3. 把兔子组合好，放入餐盒里合适的位置（旁边可摆上生菜）。

彩蛋

4. 用水分别浸泡蝶豆花、栀子、甜菜根，然后将熟鹌鹑蛋去壳，分别泡入各种颜色的汁液中（留几个白色的，不染）。
5. 待熟鹌鹑蛋上色后捞出，用吸管和花朵模具在上面压出小圆点和花朵形状，颜色互换后填平。

荠菜丸子

6. 荠菜切碎后跟猪肉馅混合，加入宝宝有机酱油、香菇粉、葱姜水、食盐，顺时针搅拌入味。
7. 用手团成圆球下锅煮熟。

黄瓜炒豆干

8. 黄瓜和豆腐干切小块。
9. 炒锅油热后放入黄瓜和豆腐干翻炒，加少许食盐、宝宝有机酱油、香菇粉炒熟出锅。

鹌鹑蛋兔子

10. 熟鹌鹑蛋底部切掉一小片，做成兔耳朵，鹌鹑蛋切过的底朝下，尖头顶端斜切一个小口，塞进兔子耳朵，用海苔做成眼睛装饰上去。

装盒

11. 餐盒里放入做好的配菜、圣女果、苦苣即可（如成品图所示）。

小贴士

1. 蝶豆花、栀子、甜菜根提前泡好，然后放入熟鹌鹑蛋。
2. 丸子如果不好团，手上可以粘一层玉米淀粉，团起来会更容易。

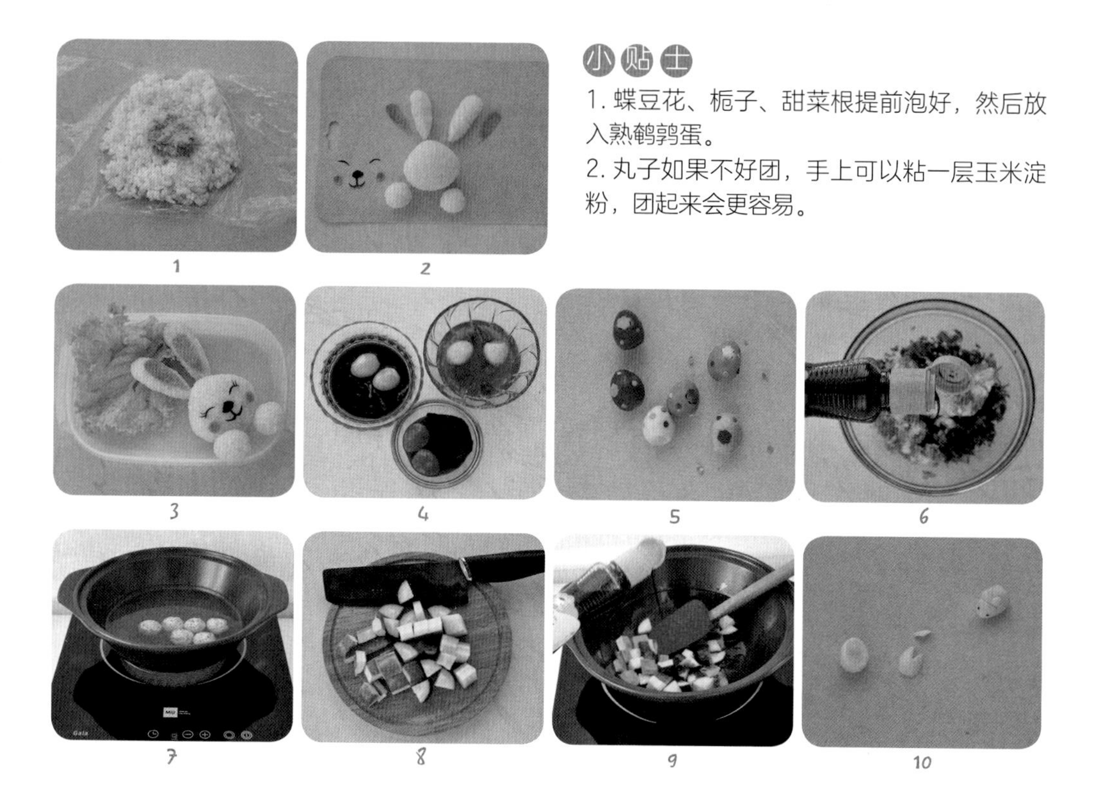

鸡妈妈孵蛋营养餐

春天终于来了，鸡妈妈已经迫不及待地想要看到自己的孩子们，于是它没日没夜地孵蛋，还给孩子们讲有关春天的故事，为的就是尽快看见自己可爱的孩子们。鸡宝宝们在妈妈温暖的怀抱中早已按捺不住想要看看美丽的春天了。它们不停地努力生长，终于咔嚓一声，第一只鸡宝宝破壳而出：“哇！我看到妈妈了，我看到春天了，真的好美好美啊！”

主食

鸡妈妈饭团：米饭 100 克，寿司萝卜、胡萝卜、糖醋心里美萝卜、海苔各适量。

配菜

煮西蓝花：西蓝花 100 克，食盐、橄榄油各适量。

炸虾米：小虾米 60 克，食盐、油各适量。

黄萝卜花：寿司萝卜适量。

红萝卜花：樱桃萝卜适量。

鸡宝宝：熟鹌鹑蛋 5 个，胡萝卜、海苔各少许。

其他：生菜、鲣鱼丝、草莓、混合坚果各适量。

做法

鸡妈妈饭团

1. 用保鲜膜把米饭团出鸡妈妈身体的形状，用糖醋心里美萝卜切出鸡冠，用胡萝卜切出嘴巴，用海苔切出眼睛，用寿司萝卜切出翅膀。

煮西蓝花

2. 锅里加水煮沸，加少许橄榄油和食盐，把西蓝花煮熟。

炸虾米

3. 虾米最好剪掉顶端虾枪避免扎嘴，洗净后用盐稍微腌制一下。炒锅里多放点油，加热后把虾米炸熟，捞出沥油。

黄萝卜花

4. 寿司萝卜切成薄片后分成四瓣，组合成花朵。

红萝卜花

5. 樱桃萝卜对半切开，去掉边缘后切成 5 个连着的薄片，中间两片向里折，然后做出 4 个同样的花瓣，组成一朵大花。

鸡宝宝

6. 熟鹌鹑蛋用 V 形刀切开，用胡萝卜剪出嘴和红脸蛋。

7. 组合好，用海苔切出眼睛，贴上。

装盒

8. 餐盒里铺上生菜，放上饭团和配菜，草莓切片后放入餐盒，将鲣鱼丝放在鹌鹑蛋下面做成鸡窝，最后放上混合坚果（如成品图所示）。

1. 虾米一定要剪掉虾枪，以防扎嘴，也可根据喜好裹一层面炸制。
2. 切开熟鹌鹑蛋的时候要小心，不要把蛋黄弄碎。

毛毛虫营养餐

有一只很饿很饿的毛毛虫，它每天不停地吃啊吃啊，怎么都吃不饱，大家都笑它太能吃，可它才管不了那么多呢，因为它知道只要不停地吃，储备了足够的营养，就可以早日变成一只美丽的蝴蝶。冬去春来，毛毛虫的梦想实现了，它真的蜕变成了一只美丽的蝴蝶，在花丛间翩翩起舞。“哇，好美的蝴蝶！”大家纷纷称赞它。小蝴蝶心里美滋滋的。

小朋友们要向毛毛虫学习，做个不挑食的好孩子。你想当宇航员吗？你想当科学家吗？要想实现梦想，先要有个健康的好身体哦。

主食

毛毛虫饭团：米饭适量100克，菠菜50克，海苔少许，蕨根粉1根，玉米粒2粒，甜菜根少许。

配菜

炒羽衣甘蓝：羽衣甘蓝50克，油、食盐、虾皮粉各适量。

什锦菜炒虾仁：什锦菜50克，虾仁50克，油、食盐各适量。

鸡蛋花：鸡蛋1个，水淀粉（玉米淀粉）少许。

紫花朵：山药泥、紫薯泥、甜菜根、蛋饼各适量。

其他：紫生菜、草莓、熟豌豆粒各适量。

做法

毛毛虫饭团

1. 菠菜用沸水焯烫一下去除草酸，用料理机打成泥后和米饭混合均匀。
2. 用保鲜膜把米饭团出几个大小合适的圆球，做成毛毛虫的身体，用蕨根粉和玉米粒做成触角，用海苔剪出眼睛和嘴。用甜菜根做成红脸蛋。

炒羽衣甘蓝

3. 炒锅油热后放入羽衣甘蓝翻炒片刻，加少许食盐和虾皮粉炒匀出锅。

什锦菜炒虾仁

4. 锅中油热后放入虾仁翻炒片刻，加入什锦菜一起小火翻炒，加少许食盐炒熟出锅。

鸡蛋花

5. 鸡蛋打散后加少许水淀粉搅拌均匀，用不粘锅小火摊成蛋饼。
6. 一张蛋饼从中间分成两份，取一份对折，用剪刀剪出竖条（剪至一半处），从头卷起就可以了。

紫花朵

7. 山药泥中加入少许紫薯泥混合均匀，变成浅紫色，然后装入放了玫瑰花嘴的裱花袋，错落地挤出玫瑰花。
8. 用甜菜根压出花朵，将蛋饼边角料切成圆点装饰成花蕊。

装盒

9. 把紫生菜铺在餐盒底部，饭团、配菜以及草莓和熟豌豆粒放在合适的位置即可（如成品图所示）。

小贴士

1. 若不会裱花，可以直接将紫薯或山药切块放在里面，或者手工捏制花朵。
2. 上面放的蝴蝶是蛋糕里面用的可食用的糯米纸蝴蝶，若没有，可以省略或用芝士片、胡萝卜等食材切一只蝴蝶放上去。

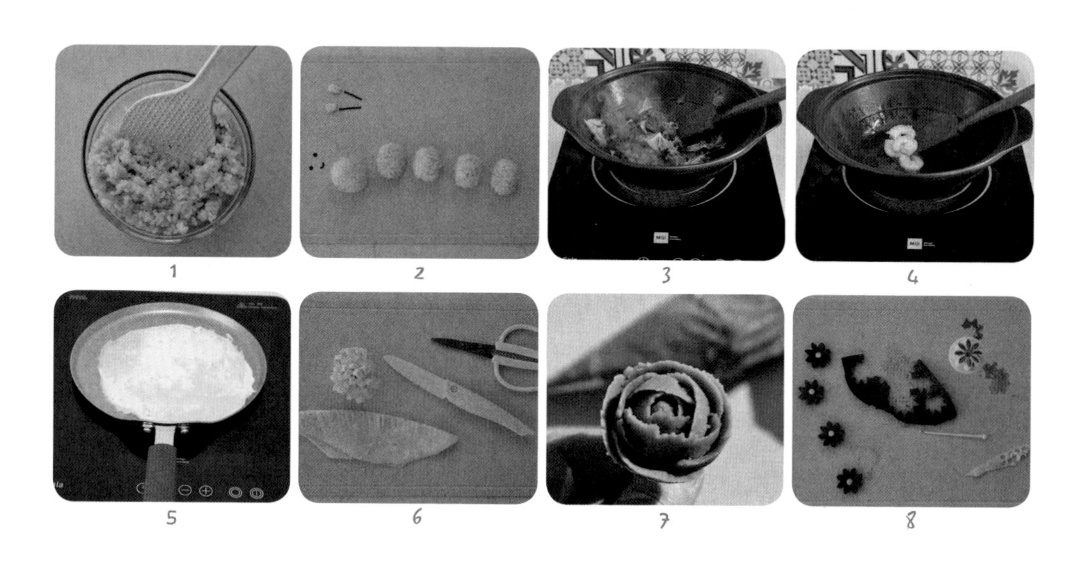

樱花盛开营养餐

每年 3~4 月各地的樱花陆续开放，风一吹过，飘落的花瓣像粉色的雨一样倾落而下。这么美好的季节一定要全家出动，带着亲手制作的营养餐，坐在樱花树下，边品美食边赏樱花，共享春天里的欢乐亲子时光。

主食

樱花鸡肉饭团：米饭 100 克，鸡胸肉 50 克，蛋清 2 个，宝宝有机酱油、香料、红曲粉各少许。

配菜

蜜蜂厚蛋烧：蛋黄 2 个，奶酪片 1 片，海苔、食盐各少许。

玫瑰花：熟山药 1 根，熟紫薯半个，牛奶适量。

蔬菜沙拉：冷冻什锦菜 50 克，樱桃萝卜 30 克，熟鸡胸肉丝 30 克，苦苣、食盐、橄榄油各少许。

其他：沙拉汁、草莓各适量。

做法

樱花鸡肉饭团

1. 鸡胸肉加香料煮熟。

2. 撕成细丝后留出少许拌沙拉用，剩下的加少许宝宝有机酱油拌匀。

3. 取一块保鲜膜放上米饭摊平，中间放上拌了酱油的鸡肉丝，用力握紧团成圆形饭团。

4. 取蛋清打散，加入少许用清水搅开的红曲粉拌匀，用不粘锅摊出粉色蛋饼。

5. 用樱花模具压出一些花瓣，叠起来，取一些蛋黄饼（后续步骤制成）切出花蕊塞在樱花中间。

蜜蜂厚蛋烧

6. 蛋黄打散，加入少许食盐，用不粘锅摊成蛋黄饼（留出一部分做樱花鸡肉饭团），稍微凝固后，立马从头卷起，一定要卷紧实。

7. 厚蛋烧切成小段，用奶酪片切出水滴形的小蜜蜂翅膀，用海苔切出蜜蜂的眼睛、嘴和身上的黑条纹。

玫瑰花

8. 熟山药和熟紫薯去皮后用料理机搅成泥，加适量牛奶把食材调至软硬适中。

9. 将山药紫薯泥装入裱花袋，挤出玫瑰花。

蔬菜沙拉

10. 什锦菜放入锅中，加水，加少许食盐煮熟捞出。樱桃萝卜切片，和苦苣、什锦菜、熟鸡胸肉丝一起加适量橄榄油拌匀即可。

装盒

11. 将蔬菜沙拉铺入餐盒。取一个酱料瓶，装一些沙拉汁，吃的时候再挤上去。蔬菜沙拉上面放上饭团及配菜，最后放上草莓即可（如成品图所示）。

小贴士

1. 沙拉汁若提前拌进去，苦苣会变软不好看，所以备好酱料瓶，吃的时候挤上去就好了。
2. 山药紫薯泥的软硬度以可以很顺畅地从裱花袋里挤出并且能够做成立体造型就可以了，不会裱花的可以直接放上紫薯块或山药块。

植树节营养餐

“三月十二植树节，人人都来种小树，种下绿色和希望，地球环境靠大家。”

保护环境从我做起，赶快去给地球穿上一件绿衣裳吧！除了给地球种树，就连餐盒里也可以种树呢！瞧，白色的米饭摇身变成了嫩嫩的绿色树叶，香菇变成了结实的树干，菠菜今天终于开心地笑了，因为小朋友们不再讨厌它，营养均衡才能让小树苗茁壮成长为魁梧的大树。

菠菜因为含有草酸，口感涩，所以很多小朋友不喜欢，其实每次加工前焯一下水就可以去除里面的草酸。把菠菜打成泥给米饭染色，不仅解决了菠菜的口感问题，就连米饭都变得既营养又漂亮了。

主食

小树米饭：米饭100克，菠菜50克，圣女果3个，鸡胸肉50克，香菇80克，油、宝宝有机酱油各适量。

配菜

煮西蓝花：西蓝花、橄榄油、食盐各适量。

鸡蛋花：鸡蛋1个，水淀粉（玉米淀粉）少许。

火龙果花：红心火龙果适量。

其他：生菜、熟紫薯各适量。

做 法

小树米饭

1. 菠菜焯一下水，捞出打成泥。
2. 菠菜泥和米饭混合在一起拌匀，菠菜泥一点一点地加，以防把米饭弄得太湿。
3. 圣女果对半切开，做成树上的苹果。
4. 鸡胸肉切小块。炒锅油热后放入鸡胸肉块翻炒片刻。
5. 放入切成片的香菇一起翻炒，最后放入适量宝宝有机酱油出锅。
6. 餐盒底部铺上生菜，上面放上绿色米饭和香菇鸡肉组合成的大树，把圣女果做的苹果放在米饭上。

煮西蓝花

7. 锅里烧水煮沸，加少许橄榄油和食盐，将西蓝花煮熟捞出。

鸡蛋花

8. 鸡蛋打散，加少许水淀粉，用不粘锅小火摊成蛋饼。
9. 蛋饼切长条,对折后剪出细条,剪至一半处，打开从头卷成花。

火龙果花

10. 红心火龙果去皮后用模具切成花形。

装盒

11. 将熟紫薯和配菜摆放在合适的位置即可（如成品图所示）。

小贴士

1. 菠菜放入沸水里稍微焯一下就可以了。
2. 西蓝花也不要煮太久，否则除了口感不好，还会造成维生素 C 过多流失。

第四章 夏季趣味营养餐

冰激凌营养餐

冰激凌一定是炎炎夏日里最得宠的，冰冰凉凉的口感一口咬下去，不仅美味，瞬间也凉快了许多。虽然夏天是吃冷饮的季节，可是吃多了会伤到肠胃，造成脾胃虚弱，食欲下降。可以适当地吃些山药来健脾胃，或者喝点红糖姜茶逼走体内寒气。

山药紫薯泥的冰激凌看起来真的好有食欲啊，一定也非常好吃。没有冰的冰激凌，赶快做起来吧！

主食

冰激凌饭团：米饭 100 克，山药 100 克，紫薯 30 克，海苔、车厘子、糖珠各适量。

配菜

龙利鱼排：龙利鱼 50 克，油、脆炸粉、面包糠、葱姜水各适量。

炒草菇：草菇 60 克，油、食盐、香菇粉各适量。

煮宝塔菜：宝塔菜、食盐、橄榄油各适量。

芒果花：芒果 1 个。

其他：羽衣甘蓝、车厘子、小青橘各适量。

做法

冰激凌饭团

1. 紫薯和山药分别用料理机搅成泥。
2. 将山药紫薯泥混合均匀。
3. 用保鲜膜将米饭团出冰激凌卷筒形状，将海苔剪成长条。
4. 餐盒里面铺上羽衣甘蓝，上面摆上饭团。将山药紫薯泥装入裱花袋，在饭团上方挤出冰激凌形状，顶部放上车厘子，装饰上糖珠。

龙利鱼排

5. 龙利鱼切小块，提前用葱姜水浸泡一下，脆炸粉加水搅拌成稠度适中的面糊。鱼肉裹上一层脆炸粉面糊，再裹一层面包糠。
6. 放入油锅中炸至两面金黄。

炒草菇

7. 草菇切片，炒锅油热后放入草菇翻炒，加少许食盐、香菇粉炒匀出锅。

煮宝塔菜

8. 锅里加水煮沸，加少许食盐和橄榄油，将宝塔菜煮熟捞出。

芒果花

9. 芒果去皮切片，用削皮刀削成长条，取几条连接起来卷成芒果花，边角料可以用模具切出几个小花装饰冰激凌。

装盒

10. 将所有配菜放入餐盒中，找空位放上小青橘和车厘子（如成品图所示）。

小贴士

1. 鱼类应选无刺的，适合孩子吃。
2. 若对海鲜过敏，龙利鱼可以换成鸡肉。

大西瓜营养餐

你喜欢夏天吗？我猜一定跟我一样喜欢吧？因为夏天可以吃到美味的大西瓜，冰镇的西瓜冰冰凉凉、甜丝丝的，一口咬下去真的停不下来。我们小时候没有冰箱，夏天买了西瓜因为被晒得比较热，所以会把大西瓜放在井水里冰镇一下，或者切成块，或者用勺子挖着吃，最后连瓜子都要把仁嗑出来呢。我们今天用米饭来变个西瓜吧，一定别有一番风味。

主食

西瓜饭团：米饭 100 克，甜菜汁、菠菜汁、黑加仑干各适量。

配菜

佛手瓜炒鸡肉：鸡胸肉 30 克，佛手瓜 50 克，油、食盐、宝宝有机酱油、香菇粉各适量。

炒平菇：平菇 60 克，油、食盐、鸡肉粉各适量。

拖鞋厚蛋烧：鸡蛋 2 个，胡萝卜 30 克，食盐、青橘皮各少许。

小西瓜装饰：小青橘、胡萝卜、黑芝麻各适量。

草帽：猕猴桃、蛋饼各适量。

其他：紫生菜适量。

做法

西瓜饭团

1. 把米饭分成两份，分别加入甜菜汁和菠菜汁拌匀。
2. 用保鲜膜将米饭捏成西瓜形状，上面放上黑加仑干当作瓜子。

佛手瓜炒鸡胸肉

3. 佛手瓜洗净切丝，鸡胸肉切块。炒锅油热后放入鸡胸肉翻炒片刻，加入适量宝宝有机酱油上色。
4. 放入佛手瓜丝，与鸡胸肉一起翻炒，加少许食盐和香菇粉炒熟出锅。

炒平菇

5. 炒锅油热后放入平菇翻炒，加入食盐和鸡肉粉炒熟出锅。

拖鞋厚蛋烧

6. 鸡蛋打散，胡萝卜搅碎后和鸡蛋液混合，加食盐搅拌均匀。
7. 不粘锅开小火，倒入一半蛋液晃匀摊成蛋饼，等到下面稍微凝固后，从头卷起，压实。再倒入剩下的蛋液晃匀摊成蛋饼，待稍微凝固时连着刚才卷好的蛋饼一起卷起来，压实。
8. 厚蛋烧切小段。
9. 用青橘皮切出拖鞋的绳子，装饰到厚蛋烧上，做成拖鞋的造型。

小西瓜装饰

10. 小青橘切片，胡萝卜切片后切出一个比青橘小一圈的圆，然后对半切开，组合在一起，粘上黑芝麻做成小西瓜装饰。

草帽

11. 猕猴桃切片，和做厚蛋烧的鸡蛋饼组合成草帽。

装盒

12. 餐盒里铺上紫生菜，放上饭团和配菜（如成品图所示）。

1 2 3 4 5 6 7 8 9 10 11

小贴士

1. 若没有小青橘，可以用黄瓜代替。
2. 若没有甜菜汁，可以用苋菜汁或洛神花汁代替。

父亲节足球营养餐

爸爸就像一棵大树，为我们挡风遮雨；爸爸就像一座大山，为我们撑起一片蓝天。爸爸虽然话不多，但是对我们的爱却满满的，当我们需要他的时候，爸爸总是第一时间挺身而出。父亲节我们要对爸爸说："爸爸，节日快乐！"

第一个足球一定是爸爸买给你的，还记得爸爸带你踢足球的情景吗？今天和爸爸来一场不一样的足球比赛吧！看看谁的足球饭团做得最好，谁吃得最快。

主食

足球饭团：米饭 100 克，海苔适量。

配菜

清炒西蓝花：西蓝花 100 克，油、食盐、香菇粉各适量。

萝卜花：寿司萝卜 100 克。

帽子和胡子：芝士片、海苔各适量。

星星：芝士片适量。

其他：卤鸡肝 50 克，生菜、圣女果各适量。

做法

足球饭团

1. 用保鲜膜将米饭团出球的形状。
2. 用海苔剪出足球的五边形。
3. 餐盒底部铺上生菜，放入足球饭团。

清炒西蓝花

4. 炒锅油热后放入西蓝花翻炒，加少许食盐、香菇粉炒匀出锅。

萝卜花

5. 寿司萝卜切片后对半切开，一片片地卷成玫瑰花。

帽子和胡子

6. 在一张油纸上画出帽子和胡子，按照轮廓将海苔剪出帽子和胡子的造型，然后把剪好的海苔贴在奶酪片上，用牙签沿着边缘在奶酪片上刻下造型。

星星

7. 用芝士片的边角料压出星星的形状。

装盒

8. 将配菜放入餐盒，最后放入卤鸡肝和切成心形的圣女果（如成品图所示）。

小贴士

寿司萝卜是一种酸甜的黄色萝卜，从超市或网上可以买到，若没有，可以用别的食材代替。

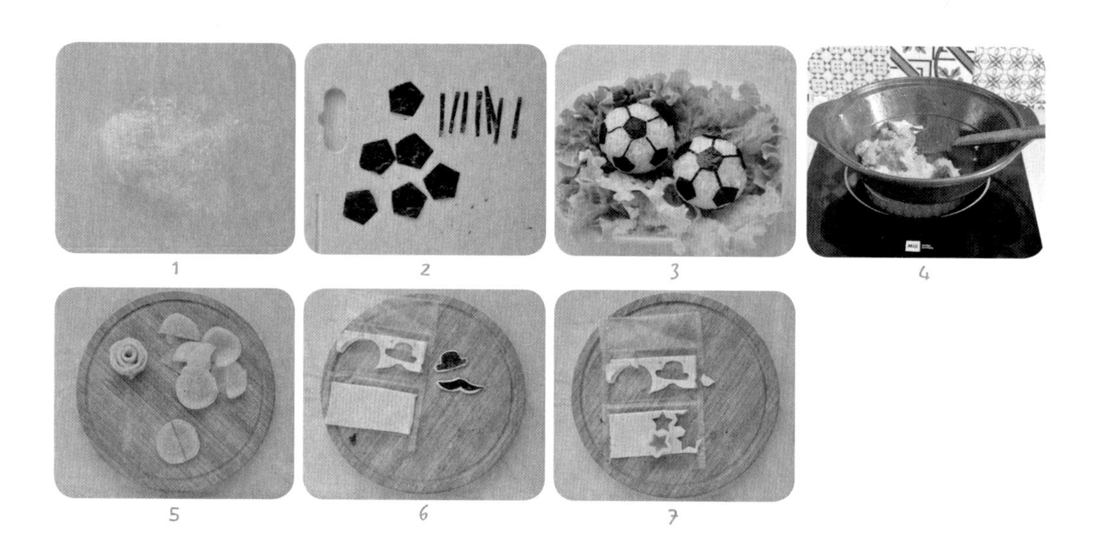

海底世界营养餐

大海是什么味道的？是甜甜的还是咸咸的？放到嘴里是脆脆的还是软软的呢？你喜欢大海吗？让我们一起来探寻一番吧！看，海底有红红的珊瑚、绿绿的水草、成群的鱼儿。看那有趣的章鱼和海星，还有很多我们从来没有见过的海底小生物，大海的味道你尝到了吗？快去跟好朋友分享一下吧。

主食

豆泥章鱼：绿豆糕 100 克，樱花粉、海苔、草莓果酱各适量。

配菜

凉拌珊瑚草：珊瑚草 100 克，醋、食盐、橄榄油各适量。

水草：黄瓜适量。

小金鱼：圣女果 1 个，绿豆泥少许。

贝壳、海豚和星星：寿司萝卜适量。

其他：生菜、杨桃片、黑玉米段各适量。

做法

豆泥章鱼

1. 绿豆糕搅成泥。绿豆泥取出一小部分留用，剩下的全部拌入适量樱花粉变成橘粉色。

2. 用保鲜膜将橘粉色的绿豆泥团出一个大圆球和几个小圆球。用海苔切出两个圆眼睛，与圆球组合起来后，用草莓果酱画上红脸蛋。

凉拌珊瑚草

3. 珊瑚草提前用清水浸泡掉上面的盐分后洗干净，用醋、食盐、橄榄油凉拌入味。

水草

4. 黄瓜切片后修成水草形状。

小金鱼

5. 圣女果对半切开后，其中一半切出鱼尾巴，边角料做成鱼鳍，用刚才取出来留用的绿豆泥团出两个球做成眼睛，组合在一起就是小金鱼了。

贝壳、海豚和星星

6. 寿司萝卜切片后，用模具切出贝壳、海豚和星星的形状。

装盒

7. 餐盒里铺上生菜，放入豆泥章鱼和配菜。最后放入杨桃片、黑玉米段即可（如成品图所示）。

小贴士

1. 若没有樱花粉，可以不放或者用苋菜汁等代替。
2. 若没有绿豆糕，也可以用山药或者米饭等代替。

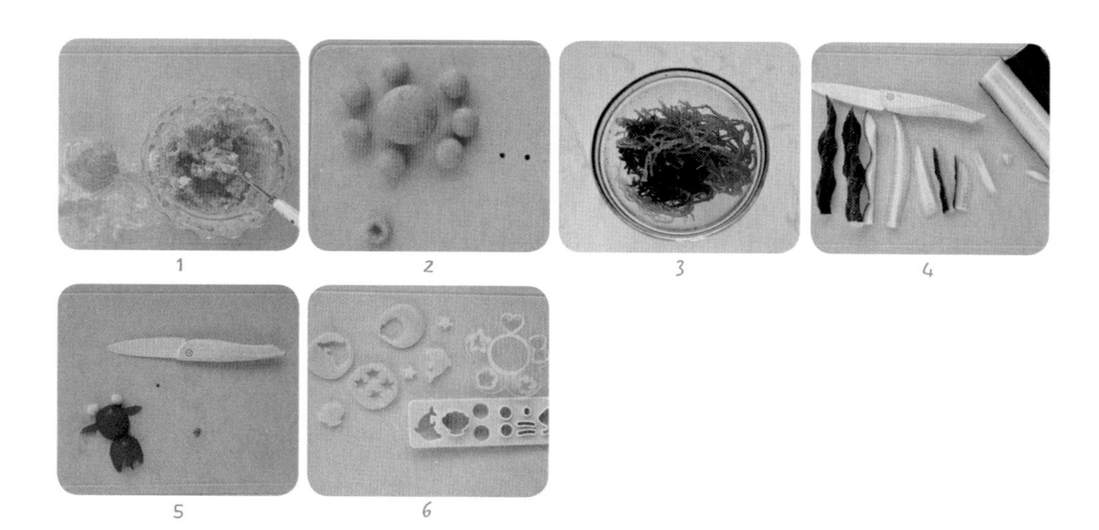

1 2 3 4 5 6

六一儿童节营养餐

亲爱的小朋友们，又迎来了一年一度的六一儿童节。在这个特别的节日里，祝亲爱的小朋友们身体健康，学习进步，好好吃饭，千万别挑食哦。今天，你们打算怎么过节呢？记得我小时候，在学校里都是全班同学围坐在一起，边吃着瓜子、水果，边看同学们进行才艺展示。那时候可不像现在有那么多好玩的、好吃的，能有点水果和瓜子都觉得非常幸福。所以小朋友们，你们简直太幸福了，对不对？

主食

小女孩饭团：米饭 100 克，海苔 1 张，胡萝卜、草莓果酱各适量。

配菜

菜花炒肉：瘦肉 30 克，菜花 100 克，油、宝宝有机酱油、食盐、香菇粉各适量。

炸秋葵天妇罗：秋葵 60 克，天妇罗粉、油、食盐各适量。

炸土豆：土豆 50 克，油、烤肉酱各适量。

云朵：芝士片适量。

气球：圣女果、海苔、胡萝卜片、芝士片各适量。

其他：生菜适量。

做法

小女孩饭团

1. 用保鲜膜把米饭团出小女孩的头、头发、胳膊的形状，用海苔剪出头发、眼睛、眉毛和嘴。

2. 胡萝卜切片，用模具压出小女孩头上的花朵。将食材组合成小女孩的造型，用草莓果酱画出红脸蛋。

菜花炒肉

3. 炒锅油热后放入瘦肉翻炒片刻。

4. 放入洗净的菜花一起翻炒，加入少许宝宝有机酱油、食盐、香菇粉炒熟出锅。

炸秋葵天妇罗

5. 天妇罗粉中加适量水和食盐，调至稠度适中（用筷子挑起能慢慢滴落就行），秋葵去掉两端，均匀地裹上一层天妇罗粉糊。

6. 锅里放油加热后，把秋葵天妇罗炸至金黄酥脆。

炸土豆

7. 土豆去皮，切块。放入油锅炸熟捞出，刷上一层烤肉酱或根据自己的喜好调味，也可以在卡通酱料盒里放些酱料蘸着吃。

云朵

8. 芝士片用模具压出云朵，剩下的边角料可以用吸管压出圆点装饰气球。

气球

9. 海苔剪细条，圣女果对半切开，和海苔条组合成气球。胡萝卜片用模具切成花形，海苔和芝士片切成圆点，装饰在气球上。

装盒

10. 餐盒里铺上生菜，放上饭团和配菜（如成品图所示）。

1

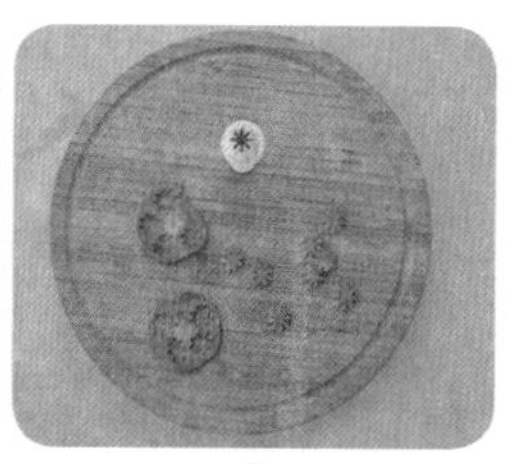
2

小贴士

1. 给小女孩包海苔头发的时候，如果不服帖，可以先把海苔蘸上一层纯净水再包，就服帖了。
2. 气球绳子如果用蕨根粉来做，效果更好。

3

4

5

6

7

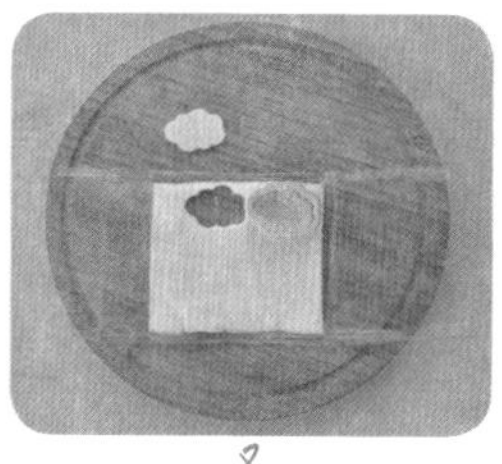
8

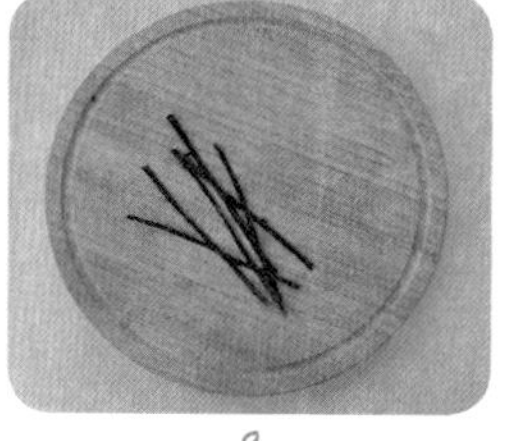
9

母亲节营养餐

世上只有妈妈好，有妈的孩子像个宝。妈妈是世界上最爱我们的人，我们也是这个世界上最爱妈妈的人。母亲节到了，你打算怎样帮妈妈庆祝呢？平时都是妈妈辛苦做饭给我们吃，今天我们要让妈妈休息休息，做饭给妈妈吃，也可以找爸爸帮忙哟！

妈妈一定是这个世界上最美丽最温柔的人，我们按照妈妈的样子做个好看的营养餐送给她，妈妈一定会非常开心的，妈妈，送你花花！

主食

妈妈饭团：米饭 100 克，海苔 1 张，草莓果酱适量。

配菜

芹菜炒肉：瘦肉 30 克，芹菜 100 克，油、宝宝有机酱油、食盐、香菇粉各适量。

炒豆皮：豆皮 30 克，油、宝宝有机酱油、香菇粉各适量。

胡萝卜花：胡萝卜 1 根，食盐、橄榄油各适量。

其他：羽衣甘蓝、圣女果、宝塔菜各适量。

做法

妈妈饭团

1. 用保鲜膜把米饭团出一个圆形和两个手臂的形状，用海苔剪出头发、眼睛和嘴。组合好后用草莓果酱点出红脸蛋。

芹菜炒肉

2. 瘦肉切小块。炒锅油热后放入瘦肉翻炒，加少许宝宝有机酱油上色。
3. 倒入切好的芹菜翻炒，加少许食盐和香菇粉出锅。

炒豆皮

4. 炒锅油热后放入豆皮翻炒，加适量宝宝有机酱油和香菇粉炒熟出锅。

胡萝卜花

5. 胡萝卜去皮，削长条。
6. 锅里加水煮沸，倒入橄榄油、食盐，放入胡萝卜焯几十秒钟捞出。
7. 取一条胡萝卜，用波浪刀切出波浪边，再从一半处剪细条，从头卷起，做成胡萝卜花。

装盒

8. 餐盒里铺上羽衣甘蓝。摆上配菜、圣女果和焯熟的宝塔菜。
9. 最后放入饭团，调好位置即可（如成品图所示）。

小贴士

胡萝卜焯水时，变软后即迅速捞出，时间久了容易断。

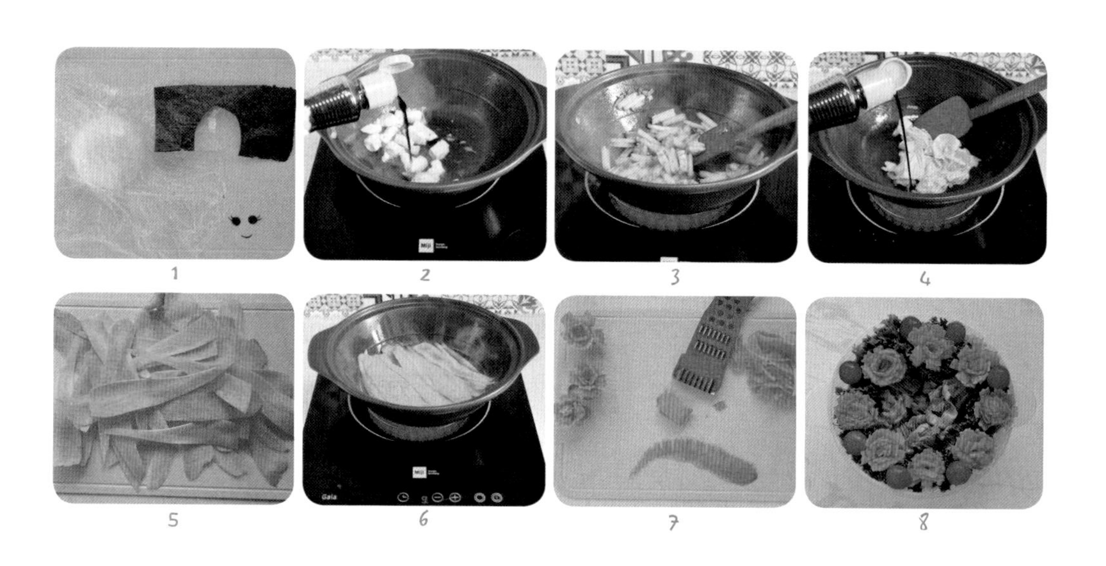

我爱洗澡营养餐

夏天由于天气炎热爱出汗，加上皮脂腺分泌旺盛，小朋友一定要勤洗澡，勤换衣，做个讲究卫生的好孩子。如果你不爱洗澡，身上就会散发出一种吸引蚊子的味道哦……快来带上我们的小鸭子戏水玩具，去洗个清凉舒爽的泡泡浴吧！

主食

娃娃饭团：米饭 100 克，番茄酱、海苔各适量。

配菜

香菇土豆炖鸡块：香菇 50 克，土豆 100 克，鸡腿肉 100 克，西蓝花 50 克，木耳 10 克，油、食盐、白糖、宝宝有机酱油各适量。

山药泡泡：熟山药适量。

南瓜小黄鸭：熟南瓜、熟蟹棒、海苔各适量。

其他：圣女果适量。

做法

娃娃饭团

1. 米饭中加少许番茄酱拌成肉色。

2. 用保鲜膜将米饭团成娃娃造型，用海苔剪出头发、眼睛和嘴。用番茄酱点出红脸蛋。头顶装饰上一个便当叉蝴蝶结。

香菇土豆炖鸡块

3. 香菇洗净切小块，土豆去皮切小块，木耳提前泡发切小块。炒锅油热后倒入适量白糖炒出糖色，糖一变色就立马放入切成小块的鸡腿肉快速翻炒上色，倒入适量宝宝有机酱油调味。

4. 炒锅中加适量温水，放入土豆块、木耳块、香菇块。

5. 将锅中食材一起炖至八分熟时加适量食盐和西蓝花收汁出锅。

6. 将香菇土豆炖鸡块放入餐盒底部，上面放上娃娃饭团。

山药泡泡

7. 山药去皮，用料理机研磨成泥。

8. 将山药泥装入裱花袋,在餐盒中挤出泡泡。

南瓜小黄鸭

9. 将熟南瓜捏成小鸭子，用蟹棒的红色部分做成嘴巴，用海苔切出眼睛，没用完的红色蟹棒可以压几朵小花撒在餐盒里当装饰，最后将组合好的南瓜小黄鸭放入餐盒，再放上圣女果点缀。

1 2 3 4 5 6 7 8 9

小贴士

1. 南瓜最好选用贝贝南瓜，会比较容易成型，普通南瓜也可以，尽量蒸至水分少一些。
2. 蒸山药的时候最好连皮蒸熟后再去皮，可以防止黏液沾到皮肤上导致发痒。

向日葵营养餐

向日葵又叫太阳花或向阳花，象征着积极、健康、阳光、向上。小朋友们可能都吃过瓜子，可是你见过真正的向日葵吗？向日葵金灿灿的可好看了。成熟的时候，中间花盘上布满了好吃的瓜子，因为它总是向着太阳，所以人们给它取名为向日葵。

主食

米饭：杂粮米饭 100 克，海苔 1 张。

配菜

向日葵：香菇 1 个，鸡蛋 1 个，薄荷叶、食盐、橄榄油各适量。

香菇酿肉：香菇 3 个，里脊肉 50 克，油、食盐、宝宝有机酱油、香菇粉各适量。

白灼秋葵：秋葵 50 克，油、食盐各适量。

其他：鸡蛋清、苹果、小青橘、黄瓜片、紫生菜各适量。

做法

米饭

1. 米饭放在餐盒中间，压平成长方形，盖上海苔，两边铺上紫生菜。

向日葵

2. 香菇用加了食盐和橄榄油的沸水煮熟，切掉顶端，划十字刀做成向日葵花蕊。鸡蛋的蛋清和蛋黄分离，蛋黄打散摊成蛋饼，用模具压出花形，两层交错叠在一起，下面用薄荷叶做成茎秆。

香菇酿肉

3. 里脊肉用旋风切剁器搅成肉馅。
4. 加入食盐、宝宝有机酱油、香菇粉搅拌均匀。
5. 香菇去掉柄，将肉馅填入香菇伞盖中。
6. 油热后中火两面煎熟。

白灼秋葵

7. 秋葵切掉顶端，对半劈开。炒锅油热后放入秋葵翻炒，加少许食盐炒匀出锅。

其他

8. 将苹果切大块，把皮切成交错方格图案，小青橘对半切开。
9. 鸡蛋清打散后摊成蛋饼，用模具压出蝴蝶形状。

装盒

10. 把所有配菜装入餐盒，用黄瓜片装饰，没有用完的蛋饼可以压花点缀（如成品图所示）。

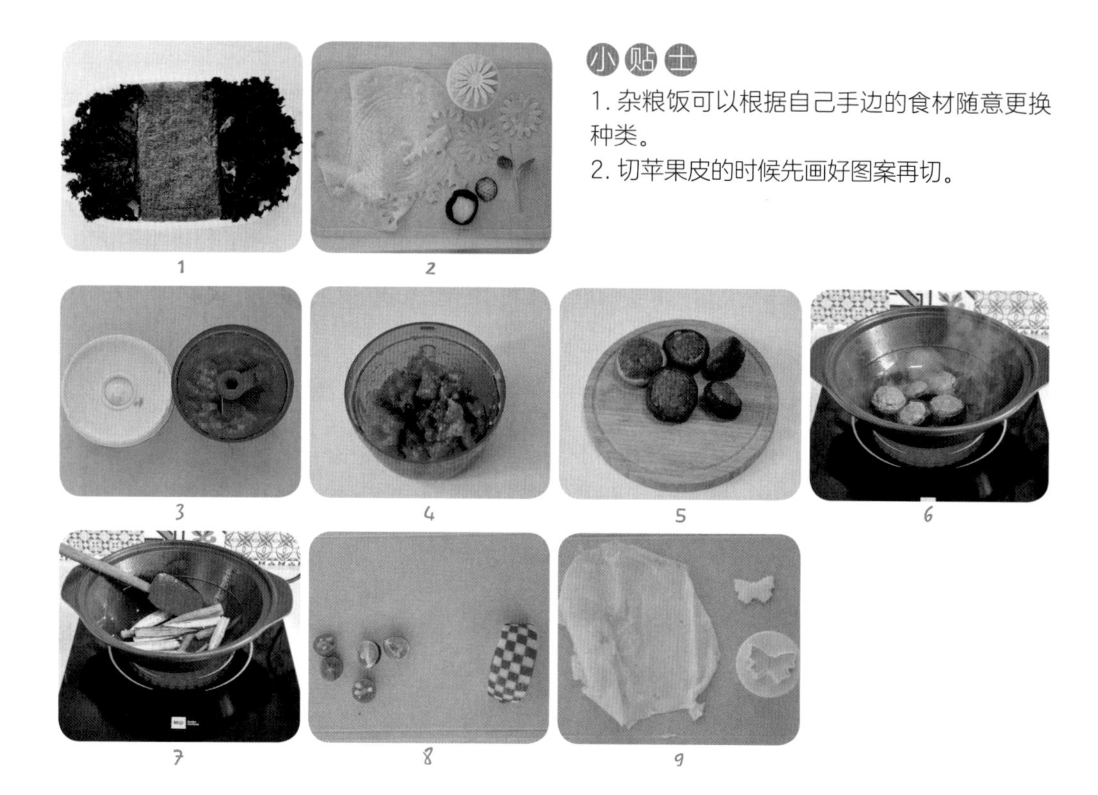

1 2 3 4 5 6 7 8 9

小贴士

1. 杂粮饭可以根据自己手边的食材随意更换种类。
2. 切苹果皮的时候先画好图案再切。

小蜜蜂营养餐

春暖花开的时候，最忙碌的要数小蜜蜂了。它们在花丛中飞来飞去，忙着采花蜜，瓢虫姑娘看见了问："嗨，小蜜蜂，你飞来飞去不累吗？为什么不停下来歇一歇呢？咱们两个一起玩捉迷藏吧！"小蜜蜂说："谢谢你，我还要采蜜呢，只有储存够了足够的粮食，冬天才能安然度过，现在不采蜜，冬天就会饿肚子。"

主食

小蜜蜂饭团：栀子米饭 100 克，海苔、草莓果酱、芝士片各适量。

配菜

炒胡萝卜花：胡萝卜、油、食盐、香菇粉各适量。

炒杏鲍菇：杏鲍菇、油、宝宝有机酱油各适量。

鱼肉蛋卷：鸡蛋 1 个，鱼肉泥 100 克，食盐、水淀粉（玉米淀粉）、香菇粉、清水、宝宝有机酱油、玉米油各适量。

胭脂藕：莲藕片 50 克，洛神花、白糖、白醋各适量。

其他：紫甘蓝 50 克，蓝莓 50 克，坚果 25 克，生菜、沙拉酱各适量。

做法

小蜜蜂饭团

1. 用保鲜膜把栀子米饭团出小蜜蜂身体的形状，用芝士片压出椭圆形翅膀，用海苔剪出五官和身上的条纹。

2. 在餐盒底部铺上生菜，放上小蜜蜂饭团，用草莓果酱挤上鼻子和红脸蛋。

炒胡萝卜花

3. 胡萝卜切片压花后，用刀在上面斜着切掉一点，这样看起来更有立体感。

4. 炒锅油热后放入胡萝卜花翻炒，加少许食盐和香菇粉，再加少许清水收汁出锅。

炒杏鲍菇

5. 杏鲍菇切片，炒锅油热后放入杏鲍菇翻炒出汁，加适量宝宝有机酱油炒熟出锅。

鱼肉蛋卷

6. 鸡蛋打散，加少许水淀粉拌匀，小火摊成蛋饼。

7. 鱼肉泥中加少许食盐、宝宝有机酱油、清水、香菇粉、玉米油，朝一个方向搅拌上劲。取一张保鲜膜，放上蛋饼，将鱼肉泥均匀铺在蛋饼上，借用保鲜膜从头卷起后，用保鲜膜包住蛋卷。

8. 上锅蒸 15~20 分钟，切段。

胭脂藕

9. 洛神花提前用热水浸泡出颜色，莲藕片用开水焯烫后过冷水，然后泡入已经放凉的洛神花汁中，加入适量白醋和白糖腌制入味。

10. 用刀子把边缘修成花朵形状。

装盒

11. 紫甘蓝切细丝，挤上沙拉酱拌匀。再取一个餐盒，铺上生菜，在两个餐盒中摆入所有配菜、蓝莓及坚果（如成品图所示）。

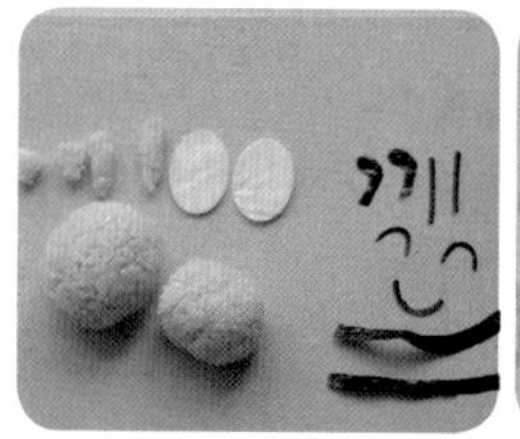
1

2

小贴士

1. 如果没有栀子，也可以用南瓜泥或南瓜粉拌米饭。
2. 尽量选择没有小刺的鱼取肉打泥，比如鲈鱼、鲅鱼、金昌鱼等。

3

4

5

6

7

8

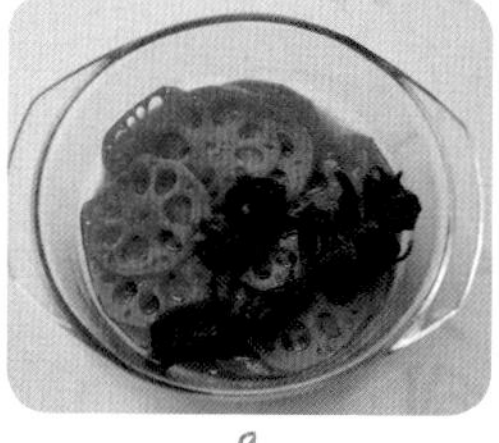
9

10

小雨滴营养餐

嘀嗒，嘀嗒快乐的小雨滴像断了线的珠子一样落在草地里，瞬间就看不到了。有一些“小调皮”被花儿的芬芳所吸引，干脆跳到花瓣上，花儿瞬间像镶了钻石一样璀璨。洗过澡的大自然再也不见灰尘，看起来更加秀丽，一只渴了很久的小蜗牛也从壳里爬了出来，尽情享用着甘甜的雨露。

今天的米饭为什么是蓝色的呢？小朋友们千万不要被吓到了，其实是我们用了一种天然食材变了一个魔法，这个魔法就是蝶豆花。蝶豆花不仅可以用来泡茶，更是不可多得的天然染色剂。

主食

蝶豆花米饭：大米 100 克，蝶豆花 110 克。

配菜

花草：苦苣、樱桃萝卜、柠檬沙拉汁各适量。

云朵和雨滴：草莓果酱、奶酪片、海苔各适量。

彩椒香肠：香肠 1 根，红彩椒 1 个，黄彩椒 1 个，油、食盐、香菇粉各适量。

酱香豆卷：豆腐卷、油、宝宝有机酱油各适量。

山药蜗牛：熟山药 1 根，眼睛便当叉 2 个。

其他：生菜、木瓜、玉米笋各适量。

做法

蝶豆花米饭

1. 蝶豆花泡水后滤出蓝水留用，不要花。

2. 大米放入蝶豆花水中做熟。

花草

3. 樱桃萝卜切薄片，第一片卷花蕊，后面每一片错层包起来就可以了。装盒的时候旁边装饰上苦苣，吃的时候再洒上柠檬沙拉汁。

云朵和雨滴

4. 用模具将奶酪片切出云朵造型，用海苔剪出云朵的表情，粘在云朵上，用草莓果酱点上红脸蛋。用奶酪片的边角料剪出雨滴。

彩椒香肠

5. 香肠切片，彩椒切块。炒锅放一点油，油热后放入香肠煸炒片刻。

6. 放入彩椒翻炒，加少许食盐和香菇粉炒熟出锅。

酱香豆卷

7. 豆腐卷切片，炒锅油热后放入豆腐卷翻炒片刻，加少许宝宝有机酱油炒匀出锅。

山药蜗牛

8. 熟山药去皮，用料理机磨成泥。团一个圆形蜗牛壳，用牙签刻出蜗牛壳的纹路，再捏一个蜗牛身体，顶端插上眼睛便当叉。

装盒

9. 取一个餐盒，将米饭铺满餐盒的一半压平，另一半放上花草。另取一个餐盒，下面铺上生菜。玉米笋用淡盐水焯一下，插上便当叉做成小伞放在一边，再放上其余配菜和木瓜（如成品图所示）。

小贴士

1. 对蝶豆花的用量没有特别要求，用得多，颜色深；用得少，颜色浅。泡好水后一定要把花朵拣出去再用，蒸出来的米饭没有特殊的味道。
2. 苦苣和樱桃萝卜若提前倒上沙拉汁，会变得不漂亮，所以吃的时候再倒。

第五章 秋季趣味营养餐

开学了营养餐

快乐的暑假结束了，假期小朋友们一定发生了很多有趣的事情吧？快来和大家分享一下吧。

好久没有见到同学们和老师们，有没有很想念大家呢，你期待开学吗？上学其实也是一件很有趣的事情，不但可以学到很多知识，还可以交到很多好朋友。你们一定要好好学习，天天向上，以后才能有机会看到更精彩的世界，加油，小朋友们！

主食

杂粮饭：杂粮饭 100 克，海苔 1 张。

配菜

金针菇炒肉：瘦肉 30 克，金针菇 50 克，油、宝宝有机酱油、食盐各适量。

炸薯格：土豆、油、食盐各适量。

煮宝塔菜：宝塔菜、食盐、橄榄油各适量。

算术题和字母：奶酪片 2 片。

书包：苹果 1 块，奶酪片适量。

其他：羽衣甘蓝、熟山药各适量。

做法

杂粮饭

1. 将杂粮饭铺满餐盒的一半，盖上海苔。

金针菇炒肉

2. 瘦肉切块，炒锅油热后放入瘦肉翻炒，加适量宝宝有机酱油。
3. 放入切成小段的金针菇翻炒，加少许食盐炒熟出锅。

炸薯格

4. 土豆去皮切厚片，用擦丝器擦成薯格，撒上一层食盐。
5. 用油炸熟。

煮宝塔菜

6. 锅里加水煮沸后放入橄榄油、食盐，将宝塔菜煮熟。

算术题和字母

7. 用数学模具和字母模具在奶酪片上压出形状。剩余的奶酪片可以压成杂粮饭的外框。

书包

8. 将苹果切出书包的形状。奶酪片的边角料可以做成书包带。

装盒

9. 餐盒的另一半铺上羽衣甘蓝，放上所有配菜和熟山药（如成品图所示）。

小贴士

金针菇不太好嚼烂，所以切短一点比较好。

1 2 3 4 5 6 7 8

教师节营养餐

在教师节来临之际，我想对老师说："亲爱的老师，谢谢您，您就像一位辛勤的园丁，使我们生根发芽，茁壮成长；您就像一支蜡烛，照亮了别人，燃烧了自己。正是因为您的无私奉献，我们才能在知识的宇宙中展翅翱翔，亲爱的老师，我爱您！"

我们亲手做一束美丽的花送给老师吧，这样的礼物才显得格外有意义。礼物不在贵贱，重要的是心意。

主食

熊猫饭团：米饭 100 克，海苔 1 张。

配菜

花束：西蓝花 30 克，生菜、胡萝卜、甜菜根各适量。

炒千张：千张 30 克，油、食盐、虾皮粉各适量。

炒西蓝花：西蓝花 70 克，油、食盐、虾皮粉各适量。

蜡烛：火腿、胡萝卜、米饭各少许。

其他：生菜、橘子、熟玉米各适量。

做法

熊猫饭团

1. 米饭用保鲜膜团出熊猫的形状，用海苔剪出耳朵、眼睛和嘴。
2. 将熊猫饭团组合在餐盒里面。

花束

3. 西蓝花用加了橄榄油和食盐的沸水焯熟，在熊猫饭团前面用生菜围一圈，中间放上西蓝花。
4. 用胡萝卜和甜菜根切出花朵。
5. 将不同颜色的花朵交错地放在西蓝花上。

炒千张

6. 千张切丝。炒锅油热后放入千张丝翻炒，加少许食盐和虾皮粉炒熟出锅。

炒西蓝花

7. 炒锅油热后放入西蓝花翻炒，加少许水，食盐、虾皮粉，炒熟出锅。

蜡烛

8. 火腿两头斜着切掉，对起来组成一个心形。中间的火腿把两边切齐，用一点胡萝卜切成火苗，一点米饭粘在火腿上，做成淌下来的蜡烛油。

装盒

9. 把餐盒空着的地方铺上生菜，放上配菜、橘子、熟玉米（如成品图所示）。

甜菜根可以用红心火龙果、心里美萝卜等代替。

1 2 3 4 5 6 7 8

落叶知秋营养餐

为什么到了秋天树叶都会变黄然后落下呢？原来这是因为树木要在冬天休眠而提前进行的自我保护。冬季休眠的树木本身也需要养分，所以要通过落叶减少水分以及养分的损耗，储蓄能量等到春暖时再重新萌发新芽，小朋友们明白了吗？

主食

枫叶米饭：米饭 100 克，熟南瓜适量。

配菜

酿豆腐：豆腐 50 克，瘦肉馅 30 克，油、食盐、宝宝有机酱油、香菇粉各适量。

清炒西蓝花：西蓝花 100 克，油、食盐、香菇粉各适量。

其他：熟红腰豆 30 克，熟南瓜 50 克，苹果、生菜各适量。

做法

枫叶米饭

1. 熟南瓜切片，用模具压出枫叶形状。
2. 将米饭装满餐盒的一半，压平，放上南瓜枫叶，餐盒的另一半铺上生菜。

酿豆腐

3. 瘦肉馅中加少许食盐、宝宝有机酱油、香菇粉和清水，朝一个方向搅拌入味。
4. 豆腐切成两小块，用刀和小勺子把中间掏空。
5. 填上肉馅，抹平。
6. 炒锅放油，慢慢地将豆腐的几个面均煎熟。
7. 倒入适量温水和宝宝有机酱油，慢慢地收干汁出锅。

清炒西蓝花

8. 炒锅油热后放入西蓝花翻炒，加少许温水、食盐和香菇粉，趁着脆嫩出锅。

装盒

9. 餐盒里放上配菜、熟红腰豆、熟南瓜和苹果（如成品图所示）。

小贴士

1. 尽量选用贝贝南瓜，水分少，方便造型，口感也好。
2. 不用南瓜，用胡萝卜切枫叶也可以。

南瓜营养餐

秋天是什么颜色的呢？金色、红色、白色还是绿色？我觉得都不足以代表秋天，我眼中的秋天应该是像童话般的五颜六色。秋天是收获的季节，在春夏付出多少，在秋天就能收获多少。快看啊，两个金灿灿的大南瓜，还有红红的萝卜、绿绿的包菜，它们都在向我们招手，仿佛在说："小朋友，快来把我摘掉带回家吧！"此时此刻人们脸上挂着的是丰收的喜悦，只要付出了就会有收获。

主食

南瓜饭团：米饭 100 克，南瓜泥适量。

配菜

孢子甘蓝炒翅根：鸡翅根 50 克，孢子甘蓝 100 克，油、宝宝有机酱油、香菇粉、香叶、花椒、八角、食盐各适量。

番茄炒蛋：番茄 1 个，鸡蛋 2 个，油、食盐各少许。

樱桃萝卜花：樱桃萝卜适量。

其他：生菜、圣女果、坚果、板栗各适量。

做法

南瓜饭团

1. 用南瓜泥给米饭上色后，用保鲜膜包住米饭团出圆形，用刀背压出南瓜的纹路。

孢子甘蓝炒翅根

2. 锅里烧水，放入香叶、花椒、八角，把鸡翅根煮熟捞出，把肉取下来。
3. 炒锅放油烧热，倒入对半切开的孢子甘蓝翻炒。
4. 放入鸡翅根肉翻炒，加适量宝宝有机酱油、香菇粉、食盐炒熟出锅。

番茄炒蛋

5. 番茄用沸水烫一下去皮切碎，鸡蛋打散，炒锅油热后放入鸡蛋炒成蛋花，放入切碎的番茄翻炒，加适量食盐炒匀出锅。

樱桃萝卜花

6. 樱桃萝卜用刀刻花。

装盒

7. 生菜铺入餐盒，放上饭团和配菜，最后放入圣女果、板栗和坚果（如成品图所示）。

1. 樱桃萝卜刻花的地方，先用刀子划出纹路再刻。
2. 番茄炒蛋中的番茄最好去掉皮，这样口感好。

螃蟹营养餐

一天，螃蟹兄弟俩在沙滩上闲来无事，哥哥就提议和弟弟赛跑，谁先跑到最前面的大树下谁就赢。弟弟说：“跑就跑，我肯定能超过你！”预备……开始！螃蟹哥哥和螃蟹弟弟就铆足了劲跑了起来，结果跑呀跑呀，怎么越跑离终点越远了呢？小朋友，你知道为什么吗？

如果你去参加跑步比赛，想不想拿第一呢？秘籍就是好好吃饭，不要挑食，这样才能使自己变得强壮，跑起来速度更快。不过，千万不要学小螃蟹横着跑哟！

主食

炒米饭：米饭 100 克，鸡蛋 1 个，什锦菜 30 克，油、食盐、香菇粉各适量。

配菜

酸甜菊花里脊：里脊肉 50 克，鸡蛋 1 个，油、玉米淀粉、白糖、番茄酱各适量。

煮宝塔菜：宝塔菜、橄榄油、食盐各适量。

螃蟹：胡萝卜、眼睛便当叉各适量。

其他：生菜、石榴、熟玉米各适量。

做法

炒米饭

1. 鸡蛋打散，加入米饭中拌匀。
2. 炒锅油热后放入什锦菜翻炒。
3. 倒入米饭炒散，加少许食盐和香菇粉炒匀出锅。

酸甜菊花里脊

4. 鸡蛋打散，里脊肉切成小方块， 然后切成连着的细条，在蛋液里蘸一下，再放到玉米淀粉里均匀裹上一层。
5. 锅里放油，把里脊肉炸熟使其自然开花。
6. 把油倒出来，锅里放入白糖、番茄酱和少许水，调成酸甜汁，放入炸好的里脊肉，裹上酸甜汁，等到汤汁黏稠即可出锅。

煮宝塔菜

7. 锅里加水煮沸，放适量橄榄油和食盐把宝塔菜煮熟。

螃蟹

8. 胡萝卜去皮切片，用加了橄榄油和食盐的水焯一下捞出。
9. 切出螃蟹的身体和腿，装饰上眼睛便当叉。

装盒

10. 餐盒的一半装满炒饭压实，另一半铺上生菜，放入配菜、石榴和熟玉米（如成品图所示）。

1 2 3 4 5 6 7 8 9

小贴士

1. 若没有眼睛便当叉，可以用奶酪片或熟蛋清做成眼睛。
2. 里脊肉最好选择下面带一层筋皮的那种，切的时候容易连在一起。提前冷冻一下比较好切花。

葡萄营养餐

秋天真的是太幸福了，好吃的东西数都数不过来，一串串晶莹剔透的紫色葡萄挂在树上，看着就让人垂涎欲滴。一颗两颗三颗，怎么都吃不够，可是再好吃的东西也要适可而止，好好吃饭才是最重要的。紫薯加到米饭里团啊团啊，团成一个个小圆球，咦，这不就是一串紫葡萄吗？甜甜的好好吃啊。

主食

葡萄饭团：米饭 100 克，熟紫薯 1 个，芹菜叶、芹菜杆各适量。

配菜

炸鱿鱼圈：鱿鱼圈 50 克，油、天妇罗粉、面包糠各适量。

炒紫胡萝卜：紫胡萝卜 100 克，油、食盐、香菇粉各适量。

炒素毛肚：素毛肚 50 克，油、食盐、香菇粉各适量。

其他：生菜、圣女果各适量。

做法

葡萄饭团

1. 熟紫薯研磨成泥，拌入米饭中。
2. 将紫薯米饭团成大小一致的圆球。
3. 餐盒里铺上生菜，将紫薯米饭球组合成葡萄串，用芹菜叶和芹菜秆点缀。

炸鱿鱼圈

4. 天妇罗粉加水搅拌至不稀不稠的状态，将鱿鱼圈放进去均匀裹上一层，然后裹一层面包糠。
5. 放入油锅炸至两面金黄。

炒紫胡萝卜

6. 紫胡萝卜切成花形。炒锅油热后放入紫胡萝卜翻炒，加适量食盐和香菇粉出锅。

炒素毛肚

7. 炒锅油热后放入素毛肚翻炒，加少许食盐和香菇粉翻炒入味。

装盒

8. 餐盒里放上配菜和圣女果（如成品图所示）。

小贴士

1. 紫薯米饭球尽量团得大小均匀。
2. 我用的面包糠里有食盐和其他调味品，所以鱿鱼圈没有额外放盐。

生日蛋糕营养餐

10 月 1 日是祖国的生日，我做了一个蛋糕，为她庆祝生日。

小朋友，你的生日是哪一天呢？是不是盼望着每天都可以过生日？哈哈，我猜对了吧？过生日的时候有很多好吃的东西，还可以邀请好朋友一起庆祝，真是一件令人期待的事情！过生日的时候，你会不会做一份可爱的营养餐和好朋友一起分享呢？

除了鸡蛋和面粉可以做蛋糕，米饭也可以做蛋糕呢！一层一层的，既好看又好吃，你想尝尝吗？赶快动手吧。

主食

米饭蛋糕：米饭 150 克，煮鸡蛋 1 个，海苔肉松、沙拉酱、蟹子、山药泥、紫薯泥各适量。

配菜

小牛：熟蛋清 1 个，海苔、坚果各适量。

生日旗和蝴蝶结：心里美萝卜、胡萝卜各适量。

礼物盒：芒果、海苔各适量。

其他：山药泥、蟹子、坚果、葡萄、紫生菜、生菜各适量。

做法

米饭蛋糕

1. 找一个上下一样宽的碗或4寸（直径约13厘米）的活底蛋糕模具，取少许米饭铺上一层，压实，挤上沙拉酱，放上海苔肉松。
2. 再压上一层米饭，倒扣进铺了紫生菜的餐盒里。
3. 将煮鸡蛋对半切开，取出蛋黄。
4. 蛋黄用细筛子直接碾碎在米饭蛋糕上。
5. 上面撒上一些蟹子。
6. 将山药泥和紫薯泥混合均匀，装入裱花袋，在米饭蛋糕上挤出花朵，点缀上蟹子。

小牛

7. 将刚才剩下的蛋清一竖一横地连接起来，用坚果做成耳朵，用海苔切出鼻子、嘴、眼睛和花纹。

生日旗和蝴蝶结

8. 将胡萝卜切成三角形做成旗子，心里美萝卜切成蝴蝶结。

礼物盒

9. 用芒果、海苔以及上一步中用心里美萝卜切成的蝴蝶结做成礼物盒。

装盒

10. 餐盒里铺上生菜，放入配菜，放上坚果。将山药泥装入裱花袋，剪小孔后挤到酱料盒里，撒几粒蟹子，放上葡萄（如成品图所示）。

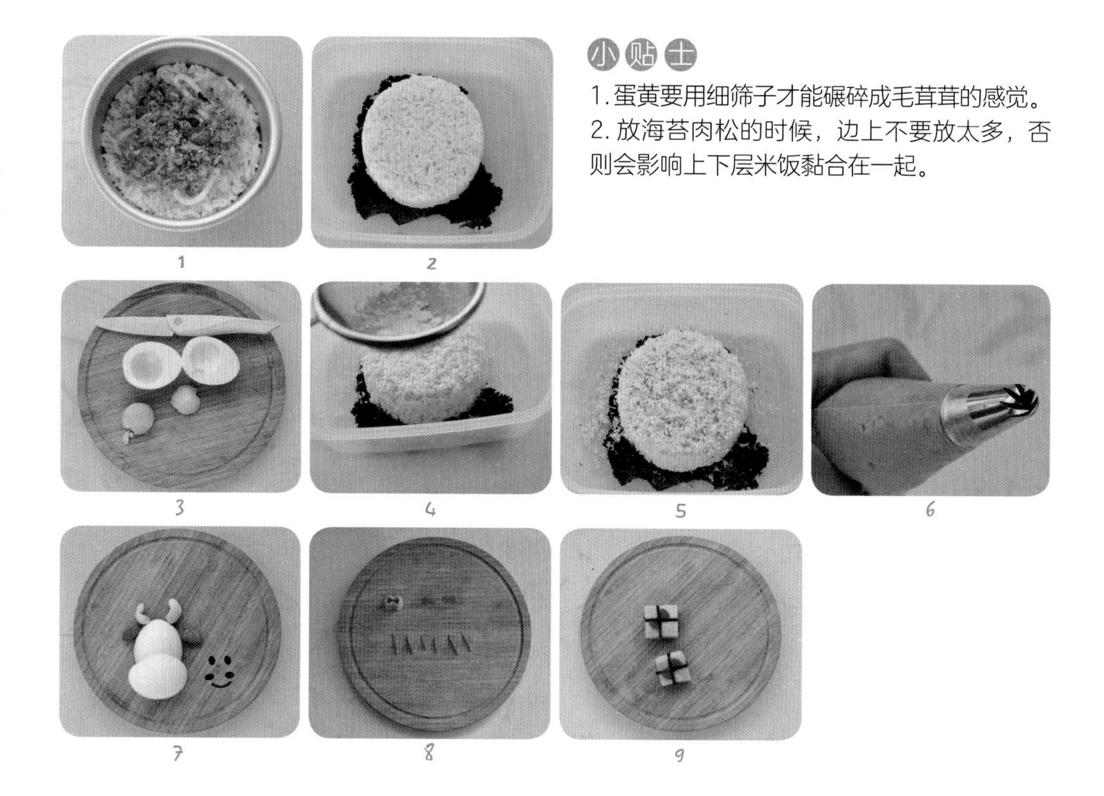
1 2 3 4 5 6 7 8 9

小贴士

1. 蛋黄要用细筛子才能碾碎成毛茸茸的感觉。
2. 放海苔肉松的时候，边上不要放太多，否则会影响上下层米饭黏合在一起。

秋膘营养餐

立秋是一个十分重要的节气，民间素有立秋贴秋膘的习俗。因为夏季炎热，人们胃口变差，所以大部分人在夏日会变瘦，到了立秋这一天就要吃点肉补一补。说到吃肉，我觉得红烧肉配米饭超级下饭啊，看看小狐狸都被红烧肉的香味吸引来了，好香啊！

主食

狐狸饭团：米饭 100 克，蓝莓 1 个，红心火龙果 50 克，海苔少许。

配菜

红烧肉：五花肉 50 克，宝宝有机酱油、油、冰糖各适量。

黄瓜炒素鸡翅：黄瓜 50 克，素鸡翅 20 克，油、食盐、香菇粉各适量。

爱心：胡萝卜 20 克，橄榄油、食盐各少许。

其他：苦苣、紫苏叶、红心火龙果、熟山药、柠檬片各适量。

做法

狐狸饭团

1. 红心火龙果去皮，榨汁。

2. 取一大半米饭染上紫红色汁，留少许白米饭。用保鲜膜包起来捏出狐狸的样子，用海苔切成眼睛，蓝莓做成嘴巴。

红烧肉

3. 五花肉切小块。炒锅放油，油热后放入冰糖炒出糖色，放入五花肉翻炒，加适量宝宝有机酱油。

4. 加温水慢慢炖烂，小火收汁至浓稠出锅。

黄瓜炒素鸡翅

5. 黄瓜切成小粒。炒锅油热后放入黄瓜和素鸡翅翻炒，加适量食盐和香菇粉调味出锅。

爱心

6. 胡萝卜切片，水煮沸后加橄榄油和食盐，焯熟胡萝卜片。

7. 用模具切出爱心。

装盒

8. 将苦苣和紫苏叶铺入餐盒底部，放上狐狸饭团和配菜，找空隙放上熟山药和红心火龙果，用柠檬片点缀（如成品图所示）。

若没有紫苏叶，也可以不放，紫苏叶配肉起到解腻和装饰的作用。

1 2 3 4 5 6 7

五星红旗营养餐

“五星红旗迎风飘扬，胜利歌声多么嘹亮，歌唱我们亲爱的祖国，从今走向繁荣富强……”

10 月 1 日是国庆节，处处红旗飘扬，百花争艳，张灯结彩，举国上下一片欢腾。现在环境好了，生活好了，要感谢我们伟大的祖国。我们要热爱自己的祖国，感恩自己出生在一个幸福的时代。

七天小长假，小朋友们和爸爸妈妈都去哪里玩了？记录下路上的所见所闻，和大家分享一下吧，我猜一定是一趟十分有趣的旅行。

主食

国旗饭团：米饭 100 克，鸡蛋 1 个，水淀粉（玉米淀粉）、红曲粉各适量。

配菜

煎三文鱼：三文鱼 60 克，油、食盐各适量。

蚝油莴笋：莴笋 100 克，油、蚝油各适量。

胡萝卜花：胡萝卜、橄榄油、食盐各适量。

鸡蛋花：鸡蛋饼适量。

灯笼：樱桃萝卜、鸡蛋饼各适量。

其他：生菜、火龙果、柠檬片各适量。

做法

国旗饭团

1. 将鸡蛋的蛋清和蛋黄分离，水淀粉分成两份，一份加入少许红曲粉，拌匀。蛋清加入红曲水淀粉，蛋黄加入水淀粉，用不粘锅小火分别摊出两种颜色的鸡蛋饼。
2. 将黄色蛋饼压出几个大小不同的五角星。
3. 餐盒里铺入生菜，将米饭压成长方形，用红色蛋饼包住米饭，放上五角星做成国旗，放入餐盒。

煎三文鱼

4. 三文鱼切小块。锅里油热后放入三文鱼小火慢煎，快熟的时候加入少许食盐调味。

蚝油莴笋

5. 莴笋切片。炒锅油热后放入莴笋翻炒，加少许蚝油炒匀出锅。

胡萝卜花

6. 胡萝卜切片，用模具压出花形。
7. 锅里加水煮沸，加少许橄榄油和食盐，把胡萝卜花焯烫一下捞出。

鸡蛋花

8. 多余的鸡蛋饼切成条状，卷成花。

灯笼

9. 用樱桃萝卜和鸡蛋饼边角料组合成灯笼。

装盒

10. 将火龙果果肉切成片，交错摆放，柠檬切片放入餐盒，再把所有配菜放进餐盒里，摆在合适的位置（如成品图所示）。

小贴士

1. 将柠檬片和三文鱼摆在一起，吃的时候可以挤上柠檬汁解腻。
2. 若没有红曲粉，可以用红心火龙果泥代替。

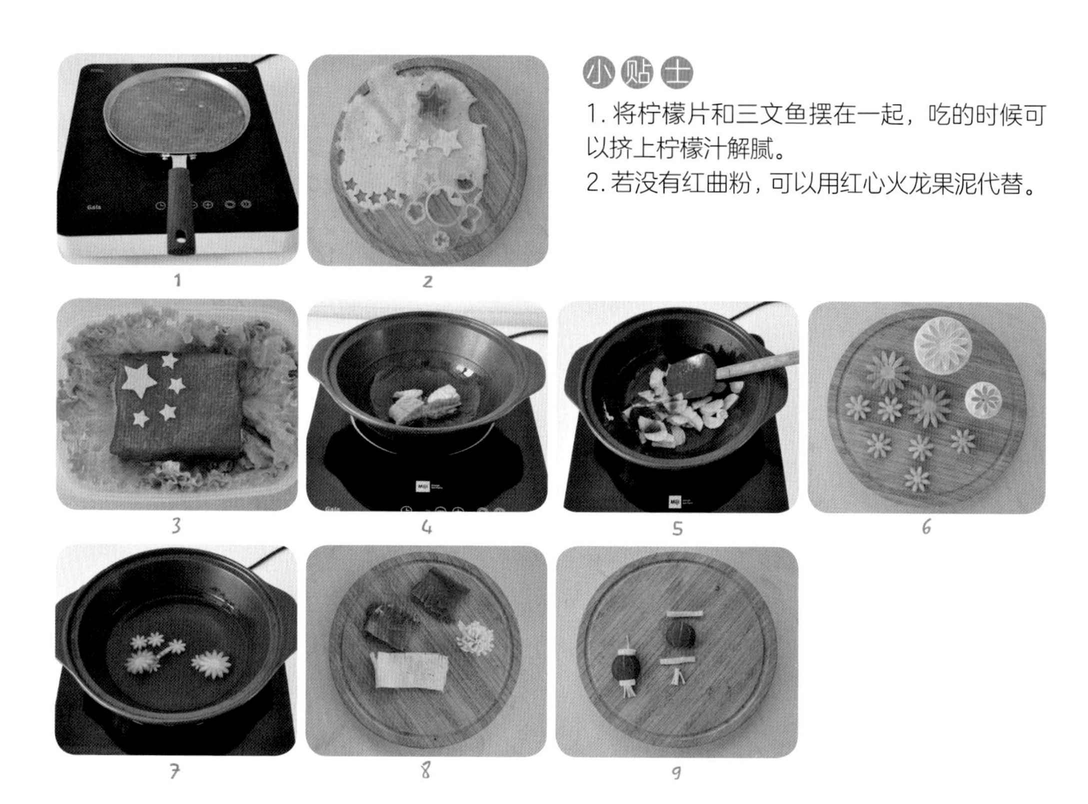

中秋节月饼营养餐

中秋节是中国传统节日之一，这一天的月亮又大又圆，象征团圆，因而中秋节又叫“团圆节”。中秋节最具有代表意义的食物就是月饼了。听到月饼，小朋友们是不是已经垂涎三尺了？我们一起做一款以紫薯、山药和豆沙为原料的月饼营养餐，山药中加入了紫薯的甜味和漂亮的颜色，中间包上豆沙馅，一口咬下去甜糯可口，满满中秋的味道。

营养餐不仅仅局限于用米饭作主食，它是可以换成任何食材的，这里用紫薯和山药代替米饭是不是令人耳目一新呢？

主食

月饼：蒸熟的铁棍山药 100 克，熟紫薯 1 个，红豆沙 60 克。

配菜

炸虾排：虾仁 100 克，油、葱姜水、天妇罗粉、面包糠各适量。

煮宝塔菜：宝塔菜、食盐、橄榄油各适量。

鸡蛋花：鸡蛋 1 个，水淀粉（玉米淀粉）少许。

其他：生菜、熟玉米、石榴各适量。

做法

月饼

1. 蒸熟的铁棍山药和紫薯去皮，用料理机研磨成细腻的泥，两种泥一起混合均匀。
2. 山药紫薯泥用秤称一下平均分成两份，红豆沙也分成两份取一份山药紫薯泥团成圆球压扁，中间放上团好的红豆沙包起来。
3. 填入月饼模具，压平。
4. 放入铺了生菜的餐盒里脱模，用同样的方法做好另一个月饼。两个月饼都摆放在合适的位置。

炸虾排

5. 虾仁去掉虾线，用刀剁成虾蓉，用筷子朝一个方向搅拌，加适量葱姜水继续搅拌上劲。
6. 搅拌好的虾泥分成两份，先粘上一层干的天妇罗粉，然后压扁，取适量天妇罗粉加少许水搅拌至可以滴落的状态，拍好的虾饼放到里面裹上一层面糊，然后再粘一层面包糠即可。
7. 锅里放油烧热后，将虾排炸至两面金黄。

煮宝塔菜

8. 锅里加水煮沸，放入适量食盐和橄榄油，宝塔菜洗净后放进去焯熟捞出。

鸡蛋花

9. 鸡蛋打散，取少许水淀粉倒入蛋液中搅拌，拌匀后倒入不粘锅中，开小火慢慢摊成蛋饼，不用翻面，等完全凝固即可。
10. 将蛋饼剪成几个长条，用剪刀在每个长条上剪竖条，剪至一半处就可以了，然后从头将蛋饼卷起来就是一朵菊花了。

装盒

11. 将所有配菜放入餐盒，找空隙放上熟玉米和石榴（如成品图所示）。

1. 我用的面包糠里含有食盐和其他调味料，所以虾泥里没有放食盐。如果面包糠里没有食盐，就在搅拌虾泥的时候放点食盐。
2. 天妇罗粉可以用玉米淀粉代替。
3. 葱姜水就是葱和姜切片，加入适量清水浸泡后得到的水，可以用来去腥。

1

2

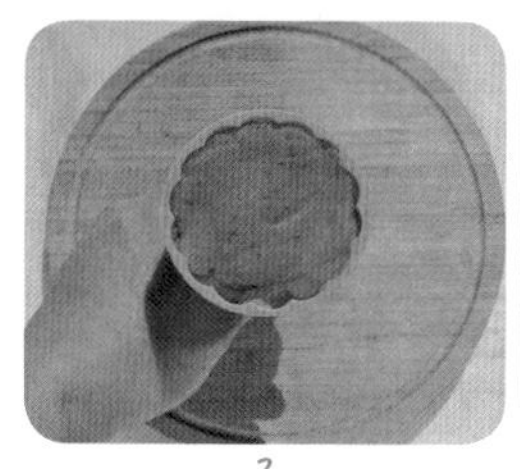
3

4

5

6

7

8

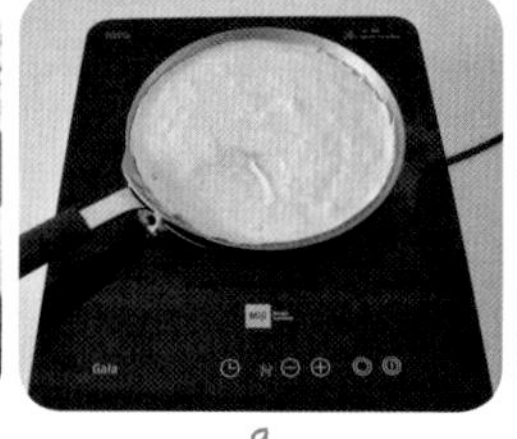
9

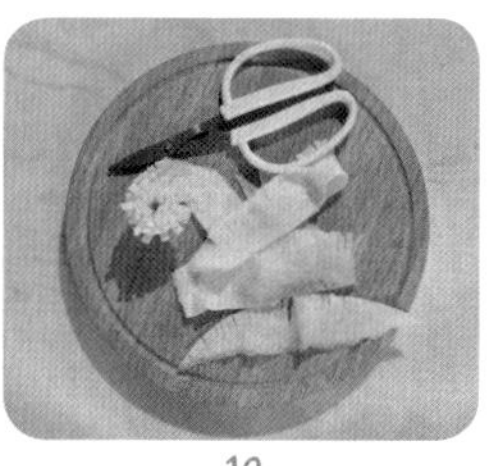
10

Merry Christmas

第六章 冬季趣味营养餐

冬帽子营养餐

冬季天气寒冷，小朋友们一定要关注天气变化，随时多加衣服哦！为了温暖过冬，我给自己做了一顶帽子和一副手套，快来一起看看漂不漂亮？你也想要吗？那就也来做一个吧，按照你自己喜欢的样子做出来，最后我们比比谁做的最好看。

主食

帽子饭团：米饭 100 克，熟山药泥 100 克，熟紫薯泥 30 克。

配菜

手套：熟山药泥、熟紫薯泥各适量。

煮宝塔菜：宝塔菜 60 克，橄榄油、食盐各适量。

虫草花炒肉：虫草花 30 克，瘦肉丁 30 克，泡发的黑木耳 20 克，油、食盐、香菇粉、宝宝有机酱油各适量。

其他：羽衣甘蓝、草莓各适量。

做法

帽子饭团

1. 米饭用保鲜膜团出帽子形状。

2. 餐盒里铺上羽衣甘蓝。将熟山药泥和熟紫薯泥取一部分混合，留一部分不混合，备用。把帽子米饭放入餐盒里，顶端毛球上盖上一层紫薯泥，用牙签戳出毛茸茸的感觉。

3. 取少许熟山药泥擀成片，用模具压出一些小花。

4. 帽子上盖一层山药紫薯混合泥，下面的边盖上深色紫薯泥，用牙签戳出毛茸茸的感觉，中间放上山药花朵。

手套

5. 将混合好的山药紫薯泥捏出手套的样子，边上粘上白色山药泥，点缀上山药花朵。

煮宝塔菜

6. 锅里加水煮沸，倒入适量橄榄油和食盐，将宝塔菜煮熟捞出，备用。

虫草花炒肉

7. 炒锅油热后放入瘦肉丁翻炒，加少许宝宝有机酱油。

8. 继续放入木耳和虫草花炒熟，加少许食盐、香菇粉调味出锅。

装盒

9. 将所有配菜摆放到餐盒中合适的位置，最后放上草莓（如成品图所示）。

小贴士

1. 山药要选铁棍山药。
2. 若没有羽衣甘蓝和宝塔菜，可以用其他食材代替。

冬眠营养餐

春天的时候，小熊在自己的院子里种了宝塔菜、芋头、车厘子，还有好多好吃的坚果。经过大半年的辛勤劳动，终于迎来了大丰收。这不，冬天来了，勤劳的小熊储备了满满一屋子好吃的东西，安心地冬眠了。外面冰天雪地，而小熊正在它温暖的被窝里做着甜甜的美梦。

主食

睡觉熊：吐司 2 片，生鸡蛋 1 个，熟鸡蛋 1 个，油、糖醋心里美萝卜、海苔各适量。

配菜

煮宝塔菜：宝塔菜、橄榄油、食盐各适量。

其他：坚果、熟芋头、车厘子、紫生菜各适量。

做法

睡觉熊

1. 生鸡蛋打散，将吐司两面均匀裹上蛋液。
2. 平底锅里倒入油，将吐司煎至两面金黄。
3. 熟鸡蛋对半切开，将其中一半熟鸡蛋当作小熊的头，另一半熟鸡蛋的蛋清切成小熊的耳朵、胳膊。用海苔剪出小熊的眼睛、鼻子，再用蛋清和海苔拼成嘴。
4. 用糖醋心里美萝卜压出花朵。

煮宝塔菜

5. 锅里加水煮沸，倒入橄榄油和食盐，将宝塔菜煮熟捞出。

装盒

6. 将紫生菜铺入餐盒底部,放上鸡蛋吐司片，上下两片错开放,装饰上花朵。小熊放在前端，装上耳朵和胳膊等，旁边空位放上熟芋头、坚果、车厘子、煮宝塔菜，最后用“睡觉熊”剩下的蛋清边角料和半个蛋黄组成月亮放入餐盒中（如成品图所示）。

小贴士

1. 煎吐司时要用小火，以免煳底。
2. 糖醋心里美萝卜是用糖和醋腌制的红心萝卜，若没有，可以用其他食材代替。

1

2

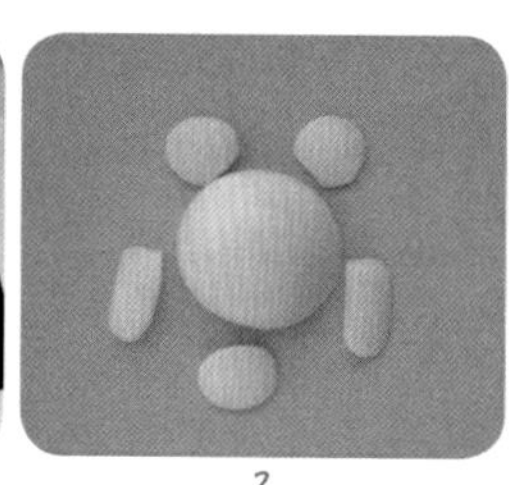

3

4

5

冬至饺子营养餐

中国民间有“好吃不过饺子”的俗语，每逢佳节，饺子更是成为了一种必不可少的美味佳肴。在我国北方，冬至要吃饺子，传说不吃饺子的人会被冻掉耳朵呢，所以呀，小朋友们一定要记得吃饺子啊。什么？你不会包啊？别急，今天我们一起来做几个既简单又可爱的饺子吧，保证你一学就会。

主食

饺子：吐司 5 片，鸡蛋 1 个，油、什锦菜各适量，奶酪片 2 片，生菜 1 片，食盐、黑芝麻酱各少许。

配菜

煮西蓝花和胡萝卜花：西蓝花、胡萝卜、橄榄油、食盐各适量。

其他：生菜、坚果、圣女果各适量。

做法

饺子

1. 鸡蛋打散，加入什锦菜和少许食盐。炒锅油热后，下入鸡蛋液翻炒成蛋花出锅。
2. 吐司放入蒸锅加热一下。
3. 取出吐司，中间放上鸡蛋、奶酪片、生菜（不能太多）。
4. 放在饺子模具中压紧，做成饺子形状取出。用同样的方法做出所有饺子。

煮西蓝花和胡萝卜花

5. 胡萝卜洗净，去皮，切花。
6. 锅里加水煮沸，放入橄榄油、食盐，把西蓝花和胡萝卜花一起煮熟捞出。

装盒

7. 将饺子摆在餐盒中间，用黑芝麻酱画上表情，旁边铺上生菜，放上配菜、坚果、圣女果（如成品图所示）。

小贴士

1. 吐司一定要用蒸锅加热变软才能粘住，不能用微波炉或烤箱加热。
2. 吐司中间的菜加一点即可，要保证菜不影响饺子封边，菜太多包不住。

1 2 3 4 5 6

蜡梅营养餐

寒冷的冬天到处都是光秃秃的，仿佛世界都是安静的，花儿草儿和小动物们都进入了冬眠状态，可是有一种花却能在寒冬中悄然绽放，小朋友，你知道是什么花吗？先不告诉你，如果你知道就大声说出来，不知道就继续在后面找答案吧。

主食

蜡梅米饭：米饭 100 克，胡萝卜 50 克，黄瓜半根，橄榄油、食盐各适量。

配菜

五彩芦笋鸡丁：芦笋 60 克，鸡胸肉 30 克，什锦菜 30 克，油、食盐、宝宝有机酱油、香菇粉各适量。

蚝油娃娃菜：娃娃菜 100 克，油、蚝油各适量。

其他：生菜、熟玉米、苹果各适量。

做法

蜡梅米饭

1. 将米饭装满餐盒的一半，压平，另一半铺上生菜。

2. 胡萝卜洗净、去皮、切片，压出梅花形状。

3. 锅里加水煮沸，加少许橄榄油和食盐，将胡萝卜梅花放入焯熟。

4. 黄瓜用削皮刀去皮，把皮切成细条，做成梅花枝条，放在米饭上，点缀上梅花。剩下的黄瓜也削成长条，卷成卷，最后填空。

五彩芦笋鸡丁

5. 芦笋取鲜嫩的部分切段，鸡胸肉去掉筋膜后切丁。

6. 炒锅油热后放入鸡胸肉丁翻炒片刻。

7. 加入芦笋和什锦菜翻炒，加少许宝宝有机酱油、食盐和香菇粉炒匀出锅。

蚝油娃娃菜

8. 娃娃菜切小块。炒锅油热后放入娃娃菜翻炒片刻，加适量蚝油炒匀出锅。

装盒

9. 将配菜摆入餐盒中，再放上熟玉米、黄瓜卷、苹果（如成品图所示）。

1. 蚝油偏咸，配娃娃菜刚好，不用额外放盐。
2. 苹果外带的时候为了防止氧化，切开后用淡盐水浸泡一下再放入餐盒里。

圣诞老人营养餐

“叮叮当，叮叮当，铃儿响叮当……”小朋友们期盼一年的圣诞节来了，你们给圣诞老人写信了吗？听说提前给圣诞老人写信，自己的愿望就有可能实现。快看，圣诞老人已经驾着雪橇向我们飞奔而来了，雪橇上放满了礼物。

秋葵是一种十分有营养的蔬菜，单独吃秋葵，小朋友可能会排斥，卷到肉卷里口感就会好很多。

主食

圣诞老人饭团：米饭 100 克，肉松 10 克，蟹棒 1 根，番茄酱、糖醋心里美萝卜、海苔各适量。

配菜

圣诞花环：西蓝花、什锦菜、糖醋心里美萝卜、橄榄油、食盐各适量。

秋葵鸡肉卷：鸡胸肉、秋葵、油、玉米淀粉、蚝油、宝宝有机酱油、番茄酱各适量。

花朵：蟹棒 2 根。

雪人：草莓、山药、海苔各适量。

其他：蟹棒 1 根，芝士片、金橘、生菜各适量。

做法

圣诞老人饭团

1. 蟹棒煮熟备用。
2. 用一个杯子装入部分米饭，撒上肉松，剩下的米饭加少许番茄酱拌匀，盖在刚才的米饭上，做成圣诞老人的脸。
3. 取一根蟹棒展开，盖在上面当帽子。
4. 放上鼻子、胡子、海苔眼睛、糖醋心里美萝卜嘴。

圣诞花环

5. 将西蓝花和什锦菜放进加了橄榄油和食盐的沸水中焯熟。用糖醋心里美萝卜做一个蝴蝶结。

秋葵鸡肉卷

6. 鸡胸肉冷冻后切薄片，抹上一层蚝油，把秋葵放在鸡胸肉片上，从头卷起，最后用玉米淀粉收口。
7. 炒锅油热后放入鸡肉卷小火煎一会儿，加入少许水、宝宝有机酱油和番茄酱焖熟出锅。

花朵

8. 展开一个蟹棒，对折，从一半处剪开，从头卷成花。用同样的方法再做一个。

雪人

9. 山药煮熟去皮，研磨成泥，和草莓、海苔一起做成雪人。

装盒

10. 餐盒底部铺上生菜，圣诞老人放中间，用西蓝花围成一个圆形花环，装饰上什锦菜和蝴蝶结。放上秋葵鸡肉卷，以及用金橘和蟹棒做的铃铛，最后放上雪人和用芝士片切成的雪花（如成品图所示）。

1

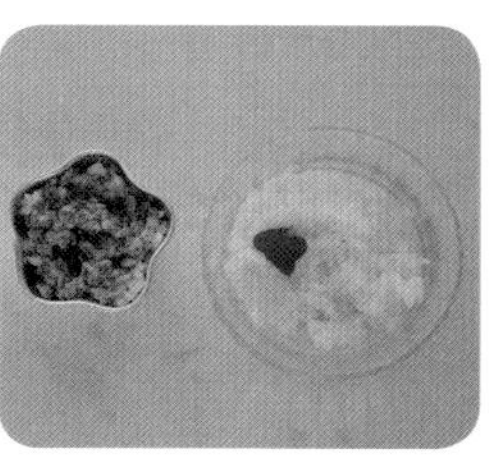
2

1. 鸡胸肉提前冷冻一下，方便切成薄片。
2. 蟹棒一定要买那种可以完整展开的。

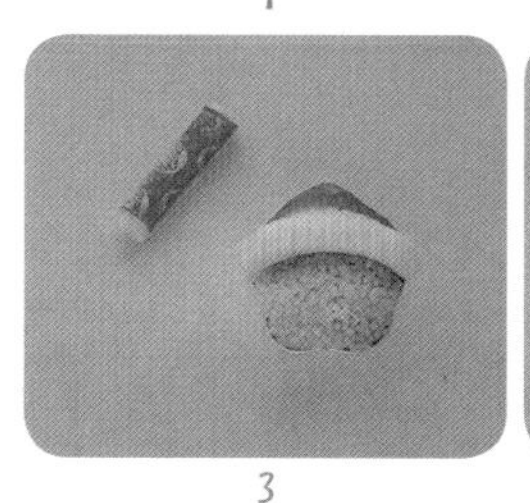
3

4

5

6

7

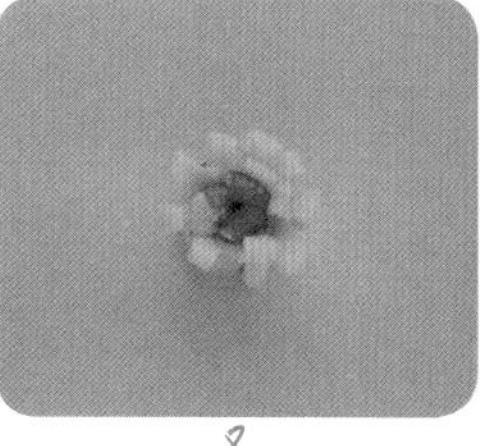
8

9

糖葫芦营养餐

冬天，大街小巷经常会听到冰糖葫芦的叫卖声，鲜红的冰糖葫芦在冬天的映衬下显得格外耀眼，轻轻地咬一口，甜里面带着酸，小朋友们是不是已经在咽口水了呢？冰糖葫芦虽然好吃，但因为含糖量高，所以不能经常吃，要小心蛀牙哦！不如我们现在用米饭来变个魔术吧！小朋友们睁大眼睛注意看喽！

主食

糖葫芦饭团：米饭 100 克，甜菜根、竹扦子各适量。

配菜

茭白炒肉：茭白 1 根，瘦肉 30 克，油、宝宝有机酱油、食盐、香菇粉各适量。

煮宝塔菜：宝塔菜、橄榄油、食盐各适量。

煮板栗：板栗适量。

其他：小橘子、紫生菜各适量。

做法

糖葫芦饭团

1. 甜菜根榨汁。
2. 米饭中加适量甜菜根汁拌匀。
3. 用保鲜膜将米饭团成若干个小圆球，用竹扦子穿起来。

茭白炒肉

4. 将茭白和瘦肉切片。
5. 炒锅油热后放入瘦肉翻炒片刻，加少许宝宝有机酱油。
6. 放入茭白炒熟， 加少许食盐和香菇粉炒匀出锅。

煮宝塔菜

7. 宝塔菜用加了橄榄油和食盐的沸水煮熟捞出。

煮板栗

8. 板栗煮熟。

装盒

9. 将紫生菜铺在餐盒底部，上面放上饭团和配菜。小橘子把皮剥开，可以点缀上一点做糖葫芦饭团用的米饭，像花朵一样放在餐盒里（如成品图所示）。

若没有甜菜根榨汁，可以用苋菜汁、红心火龙果汁代替。

万圣节营养餐

不给糖果就捣蛋！万圣节就让我们尽情地放肆一回吧！无论你是吸血鬼、海盗船长、女巫，还是白雪公主，今天都不会有人觉得你奇怪，因为——大家都一样。哈哈哈，我今天要变成一个戴着尖尖帽子的女巫，去煮一锅巫婆汤，我要把蜘蛛、骷髅、幽灵做成一锅黑暗料理，至于味道嘛，要有胆量吃下去才知道哦！

主食

骷髅饭团：米饭 100 克，海苔少许。

配菜

四季豆炒肉：瘦肉 30 克，四季豆 50 克，油、宝宝有机酱油、香菇粉、食盐各适量。

土豆虾球：土豆 1 个，大虾 3 只，油、玉米淀粉、食盐、面包糠各适量。

鬼魂：煮鸡蛋 1 个，芝士片 1 片，海苔、胡萝卜各适量。

南瓜：香菜秆、橘子、海苔各适量。

蜘蛛：黑橄榄、芝士片各适量。

蝙蝠：芝士片、海苔各适量。

其他：生菜、圣女果、柠檬片各适量。

做法

骷髅饭团

1. 米饭用保鲜膜包住团成球，用海苔剪出骷髅的眼睛、鼻子、嘴。

四季豆炒肉

2. 四季豆去筋洗净，切成菱形，用水焯一下。
3. 炒锅油热后放入瘦肉翻炒片刻，加少许宝宝有机酱油，放入四季豆、香菇粉、少许食盐炒熟出锅。

土豆虾球

4. 土豆去皮蒸熟，用料理机碾成泥。
5. 大虾去壳，挑去虾线，留下虾尾，用沸水煮一下，土豆泥加食盐和玉米淀粉混合，中间包上虾仁捏紧，露出虾尾，外面裹上一层面包糠。
6. 锅里多倒些油，把土豆虾球炸熟。

鬼魂

7. 煮鸡蛋去壳，割出嘴巴，放上胡萝卜舌头、海苔眼睛，以及用芝士片和海苔做成的帽子。

南瓜

8. 用橘子、香菜秆和海苔做成南瓜。

蜘蛛

9. 黑橄榄对半切开，一半做成身体，一半做成腿，用芝士片做成眼睛。

蝙蝠

10. 用牙签在芝士片上刻出一个蝙蝠，贴上海苔，照样子剪下来。

装盒

11. 将生菜铺入餐盒底部，上面放上饭团和配菜圣女果对半切开放入餐盒再放几片柠檬片，吃土豆泥的时候可以挤上柠檬汁来解腻。

1. 四季豆若炒不熟，食用后容易中毒，所以提前煮一下再炒就不用担心炒不熟了。
2. 土豆泥包大虾时要捏紧，否则炸的时候容易散开。

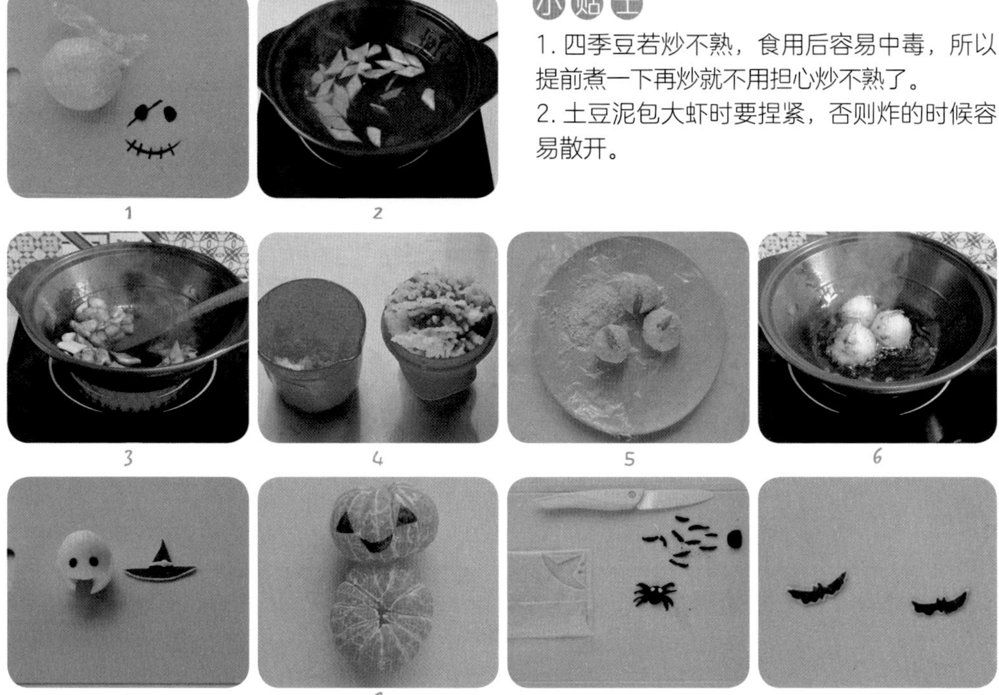

我爱下雪营养餐

哇，下雪了，下雪了，我真是太喜欢雪了，晶莹剔透，洁白无瑕，大地瞬间穿上了厚厚的衣裳，它再也不怕冷了。雪花时而缓缓飘落，时而调皮地随风起舞，每一片落在窗户上都是独一无二的漂亮冰花，好想抓一把放进嘴里啊，尝尝雪究竟是什么味道的。咦，我的雪竟然是芝士味的，好神奇啊，你的雪是什么味道的呢?

主食

宝宝饭团：米饭 100 克，寿司豆皮 1 片，草莓果酱、海苔、芝士片各适量。

配菜

煮西蓝花：西蓝花、橄榄油、食盐各适量。

黄瓜三文鱼皮：黄瓜半根，三文鱼皮 100 克，油、食盐、香菇粉各适量。

雪花：芝士片适量。

其他：生菜、熟黑玉米、圣女果各适量。

做法

宝宝饭团

1. 寿司豆皮对半切开，米饭用保鲜膜包住团成球，大小要能塞进寿司豆皮里，用海苔和芝士片剪出五官。
2. 按照图 2 的样子组合起来。用草莓果酱点上红脸蛋。

煮西蓝花

3. 将西蓝花放进加了橄榄油和食盐的沸水中煮熟。

黄瓜三文鱼皮

4. 三文鱼皮切块。
5. 黄瓜切块。
6. 炒锅油热后放入鱼皮翻炒片刻，加入黄瓜，加少许食盐、香菇粉炒熟出锅。

雪花

7. 用模具把芝士片压出雪花形状。

装盒

8. 将生菜铺入餐盒底部，放上饭团和配菜，可以再用米饭团出两个球，做成宝宝的手，摆入餐盒中。放上圣女果和熟黑玉米（如成品图所示）。

小贴士

1. 寿司豆皮是一种甜甜的豆腐皮，在网上可以买到。
2. 若买不到三文鱼皮，用没有刺的鱼肉也可以，孩子喜欢就行。

1　2　3　4　5　6　7

小企鹅营养餐

冬天带营养餐到外面吃，有可能找不到加热的地方，不过，什么也难不倒我们，这个时候三明治就是首选了。我家孩子一听到三明治就会兴奋地尖叫："哇！三明治啊！我喜欢呀！"里面夹了美味的牛油果和蔬菜片，一口咬下去十分满足。

小朋友，你是不是也爱三明治呢？记得自己动手丰衣足食，带上营养餐，我们一起去看小企鹅吧。

主食

牛油果三明治：吐司 2 片，牛油果 1 个，黄瓜半根，方火腿、圣女果、沙拉酱各适量。

配菜

企鹅：煮鸡蛋 1 个，芝士片 1 片，海苔、胡萝卜、油纸各适量。

雪花：芝士片适量。

黄瓜卷：黄瓜适量。

其他：生菜、圣女果、胡萝卜、煮鸡蛋各适量。

做法

牛油果三明治

1. 将牛油果、黄瓜、圣女果、方火腿都切成片备用。
2. 取一片吐司，上面挤上沙拉酱，码上圣女果、黄瓜、方火腿、牛油果，再挤一次沙拉酱，盖上另一片吐司。
3. 从中间对半切开。

企鹅

4. 找一张油纸，上面用可食用铅笔画出企鹅的身体、翅膀和脚掌。
5. 如图5，用海苔和胡萝卜剪出企鹅，再用芝士片压出企鹅的眼睛，用海苔做成眼珠。
6. 煮鸡蛋对半切开（装饰餐盒用的也同样对半切开），把身体、翅膀、眼睛和脚掌用水粘在鸡蛋上面，再用胡萝卜压出一个菱形的嘴，也贴在鸡蛋上。

雪花

7. 用模具把芝士片压出雪花形状。

黄瓜卷

8. 用削皮刀将黄瓜削成长条后卷起来就可以了。

装盒

9. 将生菜铺入餐盒底部，放上三明治、企鹅、黄瓜卷和圣女果，蛋黄朝上放上半个煮鸡蛋，多余的胡萝卜切成小鱼放进餐盒里，最后装饰上雪花。

小贴士

1. 吐司要选用柔软的。
2. 海苔稍微沾点水就容易贴在鸡蛋上了。

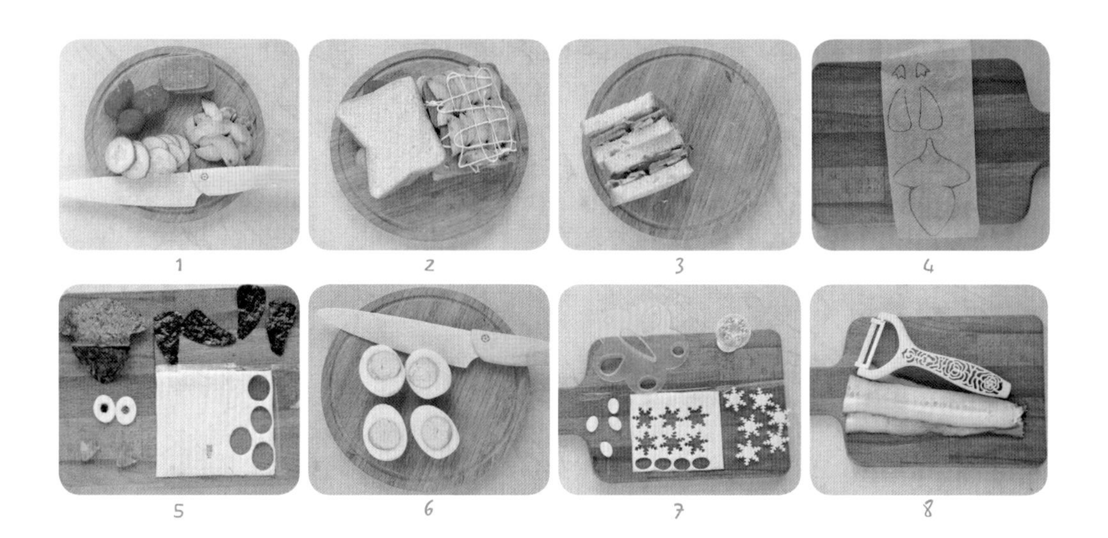
1 2 3 4 5 6 7 8

雪人营养餐

你想不想堆个雪人？快跟我一起来！拿着你的小桶和雪铲，戴上你的帽子和手套，我们说干就干，喜欢什么样的雪人就赶紧堆一个吧。我的雪人正在向我招手：欢迎来到冬天的童话世界，我是小雪人，我们一起玩吧。

主食

雪人饭团：米饭 100 克，蟹棒 1 根，生菜、海苔、芝士片、草莓果酱、胡萝卜各少许。

配菜

炸虾天妇罗：大虾 4 只，天妇罗粉、油、食盐各适量。

火腿花：火腿片、蟹棒各适量。

小树：西蓝花 50 克，油、香菇粉、食盐各适量。

板栗球：板栗 30 克。

其他：生菜、圣女果、芝士片各适量。

做法

雪人饭团

1. 蟹棒煮熟展开，米饭团成两个圆球，用海苔剪出眼睛、嘴巴，用胡萝卜做成鼻子，用蟹棒做成围巾、帽子和扣子，用草莓果酱点出红脸蛋。
2. 餐盒里铺上生菜，放上雪人饭团。
3. 用生菜剪出胳膊，用胡萝卜和芝士片做成手套。

炸虾天妇罗

4. 大虾去掉虾线虾头和外壳，留下虾尾，从中间剖开。
5. 天妇罗粉中加入食盐和水搅拌至不稀不稠的状态，均匀地裹住虾，放入油锅炸熟。

火腿花

6. 展开的蟹棒和火腿片都对折后剪细条，剪至一半处，从头卷成花。

小树

7. 炒锅油热后放入西蓝花翻炒片刻，加少许食盐、香菇粉炒匀出锅。

板栗球

8. 板栗煮熟，压成泥后团成圆球。

装盒

9. 用芝士片压出雪花。将西蓝花摆成树的形状放入餐盒，将雪花装饰在树上，摆上炸虾天妇罗、火腿花、板栗球和圣女果（如成品图所示）。

1

2

小贴士

天妇罗粉是网购的，也可以去超市买脆炸粉或淀粉加鸡蛋，使用面包糠也可以。

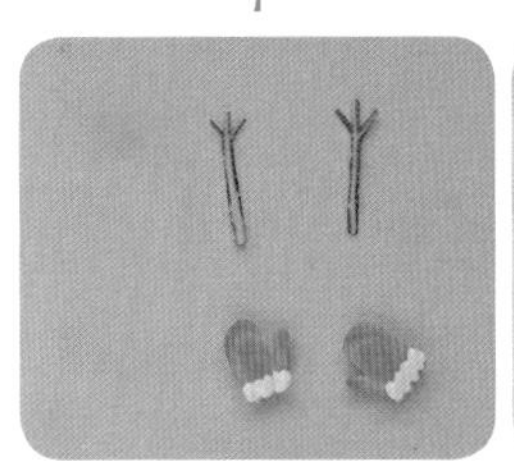
3

4

5

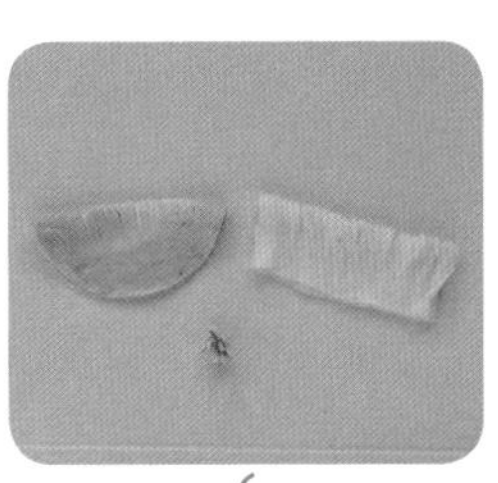
6

7

8

第七章 儿歌和故事趣味营养餐

曹冲称象营养餐

主食

船形紫菜包饭：米饭100克，肉松15克，海苔1张。

配菜

炸茄盒：茄子3片，瘦肉馅50克，鸡蛋1个，油、玉米淀粉、面粉、宝宝有机酱油、食盐、葱姜水、五香粉各适量。

煮西蓝花：西蓝花100克，橄榄油、食盐各适量。

大象：紫薯泥20克，山药泥100克，海苔、草莓果酱各适量。

其他：红萝卜皮、生菜、草莓、葡萄各适量。

做法

船形紫菜包饭

1. 米饭中拌入肉松，将海苔剪成三角形，把饭放在上面。
2. 卷成船形饭团。

炸茄盒

3. 瘦肉馅里加入葱姜水，食盐，宝宝有机酱油、五香粉顺时针搅拌。
4. 茄子片中间切一刀，要有一点是连接在一起的，不能全部切断。
5. 将腌制好的肉馅塞入茄子中。
6. 鸡蛋打散，加入面粉搅拌至浓稠不结块，茄盒裹上一层玉米淀粉后放入鸡蛋面糊中包裹均匀。
7. 锅里放油，将茄盒炸至两面金黄。

煮西蓝花

8. 将西蓝花放入加了橄榄油和食盐的沸水中煮熟。

大象

9. 把山药泥和紫薯泥混合成淡紫色，白色山药泥和深紫色的紫薯泥各留一点点备用（做象牙和耳朵）。
10. 如图捏出大象的头、耳朵、鼻子等，用海苔剪出眼睛，用草莓果酱点出红脸蛋。

装盒

11. 将生菜铺入餐盒里，放上饭团和配菜，用红萝卜皮压花装饰在西蓝花上，放上葡萄和草莓。

小贴士

1. 炸茄盒用的茄子片因为后面要剖开，所以不要切得太薄。
2. 山药先蒸熟后去皮可以防止黏液沾到皮肤上令皮肤发痒。

龟兔赛跑营养餐

主食

乌龟饭团：米饭 100 克，菠菜汁、黄瓜、草莓果酱、海苔各适量。

配菜

西蓝花树：黄瓜、西蓝花、油、食盐、香菇粉各适量。

豆腐泡炒肉：瘦肉 30 克，豆腐泡 50 克，木耳 10 克，油、宝宝有机酱油、食盐各适量。

胡萝卜花：胡萝卜、橄榄油、食盐各适量。

小兔子：煮鸡蛋 1 个，海苔、草莓果酱各适量。

其他：红萝卜皮、紫生菜、樱桃萝卜、蓝莓各适量。

做法

乌龟饭团

1. 取一大半米饭加上少许菠菜汁拌匀成绿色米饭。
2. 用保鲜膜团出一个大的绿色米饭团和一个小的白色米饭团。黄瓜切薄片。餐盒中铺入紫生菜，把乌龟饭团组合好摆进去，用海苔剪出眼睛和嘴贴上去，用草莓果酱点上红脸蛋。

西蓝花树

3. 炒锅油热后放入西蓝花翻炒，加少许温水、食盐、香菇粉炒熟出锅。

豆腐泡炒肉

4. 炒锅放油加热后放入瘦肉翻炒，加少许宝宝有机酱油，放入豆腐泡和泡发的木耳炒熟，加少许食盐出锅。

胡萝卜花

5. 胡萝卜去皮削成长条。锅中加水、橄榄油、食盐，放入胡萝卜焯软捞出。
6. 将胡萝卜条剪细条，剪至一半处，从头卷成花朵。

小兔子

7. 鸡蛋下面切掉一片。
8. 切掉的部分修成 V 形的兔耳朵，在鸡蛋前端斜着开一个口，插入兔耳朵，用海苔剪出眼睛和嘴装饰在兔子上，用草莓果酱点出红脸蛋。

装盒

9. 在餐盒中，将西蓝花摆成一棵树，黄瓜切一段做成树干，樱桃萝卜切薄片，卷花填空，红萝卜皮用模具切小花放在树上作装饰，将其他配菜也放入餐盒中，最后放上蓝莓。

小贴士

1. 菠菜榨汁前要用沸水焯烫一下去除草酸。
2. 米饭里加入菠菜汁的量差不多就行，若加得太多，米饭会变得太湿。

猴子捞月亮营养餐

主食

猴子饭团： 米饭100克，宝宝有机酱油、海苔各适量。

配菜

炒西蓝花： 西蓝花60克，油、食盐、橄榄油各适量。

香菇炒肉： 瘦肉30克，香菇50克，木耳10克，油、宝宝有机酱油、食盐、香菇粉各适量。

树枝： 熟黑玉米、黄瓜各适量。

井水和月亮： 熟黑玉米、鸡蛋、蝶豆花各适量。

其他： 生菜、草莓各适量。

做法

猴子饭团

1. 米饭里加少许宝宝有机酱油拌匀，留少许白米饭备用。
2. 用保鲜膜将米饭团出猴子身体的各个部分，用海苔剪出眼睛和嘴。

炒西蓝花

3. 炒锅油热后放入西蓝花翻炒，加少许温水、食盐、香菇粉炒熟出锅。

香菇炒肉

4. 香菇切片，瘦肉切块。炒锅放油烧热后放入瘦肉翻炒，加少许宝宝有机酱油上色，放入香菇和泡发的木耳，再加少许食盐、香菇粉炒熟出锅。

树枝

5. 将黑玉米切一个长条做成树枝。
6. 将黄瓜切成叶子形状。

井水和月亮

7. 把蝶豆花泡水，鸡蛋的蛋黄、蛋清用隔蛋器和摇摇杯分离。将蛋清和蛋黄分别打散，蛋清里加少许蝶豆花水。
8. 用不粘锅小火摊出黄色和蓝色的蛋饼。
9. 切出月亮和井水，切一段熟黑玉米做成井。

装盒

10. 生菜铺入餐盒，放上饭团和配菜，放上草莓。

小贴士

1. 蛋清里的蝶豆花水不要加太多，以免太湿。
2. 饭团里的宝宝有机酱油也不要加太多，以免过咸。

两只老虎营养餐

主食

老虎饭团： 米饭 150 克，水煮蛋 2 个，胡萝卜、海苔各适量。

配菜

炒西蓝花： 西蓝花 60 克，油、食盐、香菇粉各适量。

秋葵鸡肉卷： 鸡脯肉 50 克，秋葵 1 根，蚝油适量。

紫心蛋： 山药、紫薯粉、熟蛋清各适量。

其他： 苦苣、樱桃各适量。

做法

老虎饭团

1. 鸡蛋去壳，取出蛋黄。
2. 留一些白米饭备用，蛋黄加点水拌开后和其余的米饭混合均匀。
3. 用保鲜膜包住米饭，捏出老虎的头和耳朵。
4. 用海苔剪出老虎的眼睛、鼻子、嘴、胡子和花纹。
5. 用胡萝卜切出一个蝴蝶结。餐盒里铺上苦苣，在里面组装好饭团。

炒西蓝花

6. 炒锅油热后放入西蓝花翻炒，加少许温水、食盐、香菇粉炒熟出锅。

秋葵鸡肉卷

7. 鸡脯肉切薄片，抹上一层蚝油，卷上秋葵，用不粘锅小火煎熟。

紫心蛋

8. 山药蒸熟去皮，用料理机碾成小颗粒，和紫薯粉稍微拌一下，保持小颗粒状。将熟蛋清切出花边，填入山药紫薯馅，做成紫心蛋。

装盒

9. 餐盒里放入配菜，再撒一些余下的山药紫薯馅在西蓝花上，当作花朵，最后放上樱桃。

小贴士

若没有紫薯粉，可以用新鲜紫薯代替。

小蝌蚪找妈妈营养餐

主食

炒饭：米饭 200 克，什锦菜 50 克，鸡蛋 1 个，油、食盐各适量。

配菜

青蛙：猕猴桃 1 个，白米饭、海苔、草莓果酱各适量。

小蝌蚪：蓝莓适量。

水煮虾：大虾 3 只，食盐适量。

拌藕片：莲藕片 60 克，白糖、白醋各适量。

荷花：圣女果适量。

其他：生菜、猕猴桃各适量。

做法

炒饭

1. 把鸡蛋磕到米饭里（留一点白米饭做青蛙用）。
2. 充分搅拌均匀，让每一粒米饭都裹上蛋液。
3. 炒锅油热后放入什锦菜翻炒片刻，倒入米饭一起炒，最后加少许食盐调味出锅。

青蛙

4. 猕猴桃去皮，对半切开，切下一点做成腿，用白米饭和海苔做成肚皮、眼睛和嘴。用草莓果酱点出红脸蛋。

小蝌蚪

5. 用蓝莓切成小蝌蚪。

水煮虾

6. 大虾去掉虾枪和虾线。
7. 加少许食盐煮熟。

拌藕片

8. 莲藕片用沸水焯熟后过冷水或冰水，加白醋和白糖腌制入味。

荷花

9. 圣女果切成八瓣变成荷花。

装盒

10. 取一个餐盒，放上炒饭、青蛙、一部分小蝌蚪和少量拌藕片，另一个餐盒里放上生菜和其余配菜，最后再放上几片猕猴桃。

小贴士

1. 莲藕要切得薄一点，会比较好吃。
2. 青蛙也可以用牛油果做。

小老鼠上灯台营养餐

主食

海苔肉松饭：杂粮米饭 200 克，海苔肉松适量。

配菜

小黄瓜炒肉：瘦肉 30 克，小黄瓜 100 克，宝宝有机酱油、油、食盐、香菇粉各适量。

炒胡萝卜丝：胡萝卜 100 克，油、食盐、香菇粉各少许。

小老鼠上灯台：水煮蛋 1 个，火腿、海苔、芝士片、胡萝卜各适量。

其他：生菜、熟山药豆、无花果、芝士片各适量。

做法

海苔肉松饭

1. 将杂粮米饭装满餐盒的一半，上面放一层海苔肉松。

小黄瓜炒肉

2. 炒锅油热后放入瘦肉翻炒片刻，加少许宝宝有机酱油上色。
3. 放入小黄瓜翻炒，加少许食盐、香菇粉出锅。

炒胡萝卜丝

4. 胡萝卜擦成细丝。
5. 炒锅油热后放入胡萝卜丝炒熟，加少许食盐、香菇粉出锅。

小老鼠上灯台

6. 水煮蛋对半切开，和火腿、海苔组合成小老鼠，芝士片用牙签刻出灯的形状，贴上海苔，用剪刀将芝士片剪出形状，用胡萝卜剪出火焰。

装盒

7. 将生菜铺入餐盒，放上配菜、熟山药豆、无花果和用芝士片边角料压出的星星。

小贴士

若没有山药豆，可以用山药、紫薯等代替。

小马过河营养餐

主食

蝶豆花米饭：米饭 100 克，蝶豆花水适量。

配菜

小马：山药 1 根，草莓 1 个，海苔少许。

炒西蓝花：西蓝花 100 克，油、食盐、香菇粉各适量。

煎猪排：猪里脊肉 50 克，油、原味烤肉酱各适量。

咸蛋黄焗红薯：红薯 50 克，咸鸭蛋黄 2 个，油适量。

其他：生菜适量。

做法

蝶豆花米饭

1. 米饭加适量蝶豆花水拌匀。

小马

2. 山药去皮，用料理机碾成泥，捏出小马身体的各个部分，用海苔切出眼睛等。

炒西蓝花

3. 炒锅油热后放入西蓝花翻炒，加少许温水、食盐、香菇粉炒熟出锅。

煎猪排

4. 猪里脊肉切薄片，提前用原味烤肉酱腌制入味。
5. 锅里油热后把猪排两面煎熟。

咸蛋黄焗红薯

6. 红薯切条，煮至八分熟。
7. 咸鸭蛋黄碾碎，炒锅油热后倒入咸鸭蛋黄翻炒。
8. 加入红薯条翻炒均匀出锅。

装盒

9. 餐盒里铺上生菜，放入蝶豆花米饭和小马，把草莓放在马背上作麻袋，把西蓝花放在小马腿旁作草地，煎猪排和咸蛋黄焗红薯放在小马上方的空位即可。

小贴士

1. 要想把肉切得比较薄且均匀，最好提前冷冻一下，比较好切。
2. 红薯先煮一下，炒的时候容易熟。

小猫吃鱼营养餐

主食

小猫饭团：米饭 100 克，草莓果酱、海苔各适量。

配菜

煮西蓝花：西蓝花、食盐、橄榄油各适量。

香煎秋刀鱼：秋刀鱼 1 条，宝宝有机酱油、油、食盐、柠檬汁各适量。

木耳炒竹笋：木耳 20 克，竹笋 50 克，熟鹌鹑蛋 3 个，油、食盐、香菇粉各适量。

小金鱼：大虾 1 只，熟鹌鹑蛋 1 个，海苔适量。

玫瑰花：草莓适量。

煮黄豆：黄豆 30 克，盐适量。

其他：生菜适量。

做法

小猫饭团

1. 米饭用保鲜膜团出猫咪身体的各个部分，用海苔剪出眼睛、鼻子、嘴和爪子，用草莓果酱画出红脸蛋 。

煮西蓝花

2. 锅里加水煮沸，加橄榄油和食盐将西蓝花煮熟捞出。

香煎秋刀鱼

3. 秋刀鱼去掉内脏洗净，抹上食盐和柠檬汁稍微腌制一会儿。不粘锅中油热后放入秋刀鱼两面煎熟，淋上少许宝宝有机酱油即可。

木耳炒竹笋

4. 炒锅油热后放入熟鹌鹑蛋煎炒一会儿，放入泡发的木耳和竹笋，加少许食盐和香菇粉调味出锅。

小金鱼

5. 大虾去头、去壳，留下尾部，挑去虾线，从中间剖开，多准备 1 个（若最后形状不好，可以换一个重新做）。
6. 放入沸水中煮熟。
7. 熟鹌鹑蛋剪一个小口当鱼嘴，用海苔剪出鱼眼睛，和大虾接起来变成小金鱼。

玫瑰花

8. 草莓切片后排成一排，从头卷成玫瑰花。

煮黄豆

9. 黄豆提前泡发，加盐水煮熟。

装盒

10. 餐盒里铺上生菜，放上饭团和配菜。

小贴士

1. 煎鱼最好用不粘锅，不容易掉皮。
2. 草莓切薄一点，好卷成花。

小兔子拔萝卜营养餐

主食

胡萝卜饭团：米饭100克，胡萝卜1根，胡萝卜叶（或香菜叶）、海苔各适量。

配菜

红烩牛肉：熟牛肉50克，油适量，什锦菜100克，红烩料1块。

煮西蓝花：西蓝花60克，橄榄油、食盐各适量。

小兔子：芋头60克，胡萝卜、海苔、火腿片各适量。

花朵：火腿片、胡萝卜条各适量。

其他：生菜、樱桃萝卜、橙子各适量。

做法

胡萝卜饭团

1. 胡萝卜用削皮刀削出一些长条，后面做花用，剩下的切块。所有的胡萝卜用水煮熟，条状的焯一下就先捞出，块状的煮熟捞出碾成泥。
2. 将胡萝卜泥拌入米饭中。
3. 用保鲜膜将米饭团成胡萝卜形状。用海苔剪成纹路，配上胡萝卜叶（或香菜叶）组合成完整的胡萝卜饭团。

红烩牛肉

4. 熟牛肉切小块。炒锅油热后放入牛肉翻炒，加适量温水，加入红烩料和什锦菜炖烂出锅。

煮西蓝花

5. 锅里加水煮沸后加适量橄榄油、食盐，放入西蓝花煮熟。

小兔子

6. 芋头煮熟。
7. 用料理机碾成泥。
8. 团出兔子的身体，用海苔切出眼睛和嘴，用火腿片剪出肚皮、耳朵，用胡萝卜做成红脸蛋。

花朵

9. 胡萝卜条（之前做好的）和火腿片分别对折，剪细条至一半处，从头卷起做成花朵。

装盒

10. 餐盒底部铺上生菜，放上饭团和配菜，再放上橙子和樱桃萝卜。

小贴士

1. 因为牛肉很难炖烂，所以最好先用高压锅制熟再炖，这样孩子就很容易嚼烂了。
2. 小兔子也可以用山药泥来做。
3. 胡萝卜叶（或香菜叶）仅作为装饰，不用吃掉。

咏鹅营养餐

主食

白鹅饭团：米饭 100 克，胡萝卜、海苔各适量。

配菜

鸡蛋炒银鱼：鸡蛋 1 个，银鱼 50 克，青豆 20 克，胡萝卜 30 克，油、食盐各适量。

炒西蓝花：西蓝花、油、食盐、香菇粉各适量。

蚝油豆腐：豆腐块 30 克，油、蚝油各适量。

胡萝卜花：胡萝卜、青豆、橄榄油、食盐各适量。

其他：羽衣甘蓝、黑莓各适量。

做法

白鹅饭团

1. 用保鲜膜将米饭捏出鹅的形状，用海苔剪出眼睛，用胡萝卜做成嘴巴。

鸡蛋炒银鱼

2. 胡萝卜切粒，银鱼洗净后用水泡软，鸡蛋打散后加入银鱼。炒锅油热后放入蛋液翻炒，放入胡萝卜和青豆炒熟，加少许食盐出锅。

炒西蓝花

3. 炒锅油热后放入西蓝花翻炒，加少许温水、食盐、香菇粉炒熟出锅。

蚝油豆腐

4. 炒锅放油加热后放入豆腐块，煎黄后翻面，加适量蚝油翻匀出锅。

胡萝卜花

5. 胡萝卜切片，用模具压成花。

6. 锅里加水煮沸，加少许橄榄油和食盐，放入胡萝卜花和青豆焯熟。摆入餐盒中时，胡萝卜当花瓣，青豆当花蕊。

装盒

7. 餐盒里铺上羽衣甘蓝，西蓝花摆在白鹅的下面作河水，放入其他配菜，最后放上黑莓。

小贴士

若不喜欢羽衣甘蓝，可以用生菜代替。